微课版

Excel 数据处理与分析

轻松挖掘数据背后的秘密

ExcelHome 编著

人民邮电出版社

北 京

图书在版编目（CIP）数据

Excel数据处理与分析：微课版：轻松挖掘数据背后的秘密 / ExcelHome编著. -- 北京：人民邮电出版社，2017.8（2018.12 重印）

微软Excel致用系列

ISBN 978-7-115-45170-5

Ⅰ. ①E… Ⅱ. ①E… Ⅲ. ①表处理软件 Ⅳ. ①TP391.13

中国版本图书馆CIP数据核字(2017)第118602号

内 容 提 要

Excel 是微软办公套装软件的重要组成部分，它可以进行各种数据的处理、统计、分析等操作，广泛应用于管理、财经、金融等众多领域。

本书对 ExcelHome 技术论坛中上百万个提问进行了分析和提炼，汇集了用户在使用 Excel 进行数据处理与分析过程中最常见的需求，通过 180 多个实例的演示与讲解，帮助读者灵活有效地使用 Excel 来处理工作中遇到的问题。

本书共 13 章，介绍了 Excel 2010 在数据处理与分析方面的应用技巧，内容涉及导入外部数据、数据输入、数据验证、数据处理与表格编辑、设置表格格式、数据排序和筛选、使用条件格式标识数据、数据透视表、函数公式、模拟运算分析和方案、单变量求解、规划求解、高级统计分析、预测分析、使用图表和图形表达分析结果以及表格打印等。

本书采用循序渐进的方式，由易到难地介绍 Excel 中的常用知识点。除了原理和基础性的讲解外，还配以典型示例帮助读者加深理解，突出实用性和适用性。本书注重知识结构的层次性，循序渐进安排各章的知识点内容，尽量降低学习难度。通过翔实的操作实例和丰富的课后练习题目，培养学习者的动手实践能力。

本书内容丰富、图文并茂、可操作性强且便于查阅，既可作为高校计算机应用等专业的教材，也适合广大 Excel 爱好者和办公从业人员阅读学习。

◆ 编　著　ExcelHome

　　责任编辑　刘向荣

　　责任印制　周昇亮

◆ 人民邮电出版社出版发行　　北京市丰台区成寿寺路 11 号

　　邮编　100164　电子邮件　315@ptpress.com.cn

　　网址　http://www.ptpress.com.cn

　　北京隆昌伟业印刷有限公司印刷

◆ 开本：787×1092　1/16

　　印张：18.25　　　　　2017 年 8 月第 1 版

　　字数：505 千字　　　2018 年 12 月北京第 2 次印刷

定价：54.00 元（附光盘）

读者服务热线：(010)81055256　印装质量热线：(010)81055316

反盗版热线：(010)81055315

广告经营许可证：京东工商广登字 20170147 号

前言
PREFACE

　　微软 Excel 是进行数据处理与分析最普遍的应用工具，它能帮助用户完成数据分析、数据汇总以及制作可视化图表等多项复杂工作。

　　本书秉承"授人以渔"的风格，尽可能让技术应用走上第一线，实现知识内容自我的"言传身教"。此外，本书的操作步骤采用详细的图解，有效减轻读者的阅读压力，让学习过程变得轻松愉快。最终目标就是帮助读者提高 Excel 2010 数据处理与分析的水平，让读者能够借助 Excel 提高工作效率。

　　循序渐进、积少成多是每个 Excel 高手的必经之路。在开始学习阶段，除了阅读图书学习基础理论知识外，大家可多到一些 Office 学习论坛上看一看免费的教程。本书所依托的 http://www.excelhome.net 论坛，就为广大 Excel 爱好者提供了广阔的学习平台，论坛的"知识树"板块，汇聚了大量免费的 Excel 精品资源。

读者对象

　　本书面向的读者群是所有需要使用 Excel 的用户。无论是初学者，中、高级用户还是 IT 技术人员，都将从本书中找到值得学习的内容。当然，希望读者在阅读本书以前至少对 Windows 操作系统有一定的了解，并且知道如何使用键盘与鼠标。

软件版本

　　本书内容适用于 Windows7\8\10 操作系统上的中文版 Excel 2010，绝大部分内容也可以兼容 Excel 2007\2013\2016。

　　Excel 2010 在不同版本操作系统中的显示风格有细微差异，但操作方法完全相同。

声明

　　本书及本书附带光盘中所使用的数据均为虚拟数据，如有雷同，纯属巧合，请勿对号入座。

写作团队

　　本书由 ExcelHome 组织策划，由 ExcelHome 社交媒体主编、微软全球最有价值专家祝洪忠、ExcelHome 讲师、微软全球最有价值专家郭新建和 ExcelHome 站长、微软全球最有价值专家周庆麟编写完成。本书学习视频由 ExcelHome 讲师时坤与祝洪忠制作完成。

感谢

　　特别感谢由 ExcelHome 会员张飞燕、俞丹、戴雁青、刘钰志愿组成的本书预读团队所做出的卓越贡献。他们用耐心和热情帮助作者团队不断优化书稿，让作为读者的您可以读到更优秀的内容。

衷心感谢 ExcelHome 论坛的 400 万会员，是他们多年来不断的支持与分享，才营造出热火朝天的学习氛围，并成就了今天的 ExcelHome 系列图书。

衷心感谢所有 ExcelHome 微博粉丝、微信公众号关注者和 QQ 公众号好友，你们的"赞"和"转"是我们不断前进的动力。

后续服务

在本书的编写过程中，尽管每一位团队成员都未敢稍有疏虞，但纰缪和不足之处仍在所难免。敬请读者能够提出宝贵的意见和建议，您的反馈将是我们继续努力的动力，本书的后继版本也将会更臻完善。

您可以访问 http://club.excelhome.net，我们开设了专门的板块用于本书的讨论与交流。您也可以发送电子邮件到 book@excelhome.net，我们将尽力为您服务。

此外，我们还特别准备了 QQ 学习群，群号为：534439579，您也可以扫码入群，与作者和其他同学共同交流学习，并且获取超过 4GB 的学习资料。

入群密令：ExcelHome

最后祝广大读者在阅读本书后，能学有所成！

ExcelHome

2017 年 4 月

CONTENTS 目录

第 12 章

数据分析工具的应用 ··········· 239

第 13 章

数据可视化 ··············· 258

第1章

Excel 基础

本章主要介绍 Excel 2010 的工作区和功能区、Excel 工作簿的创建与保存、Excel 文件的格式与兼容性。

1.1 熟悉 Excel 2010 的界面

Excel 是微软办公套装软件 Microsoft Office 的一个重要组成部分，它可以进行各种数据的处理、统计分析和辅助决策操作，广泛应用于管理、统计、财经和金融等众多领域。

Excel 2010 使用功能区（Ribbon）界面风格，图 1-1 展示了 Excel 2010 的工作窗口。

图 1-1　Excel 2010 工作窗口

1.2 可定制的功能区与快速访问工具栏

功能区是 Excel 窗口中的重要元素，由一组选项卡面板组成，单击不同的选项卡标签，可以切换到不同的选项卡功能面板。每个选项卡中包含了多个命令组，每个命令组由一些密切相关的命令组成，如图 1-2 所示。

图 1-2　Excel 选项卡和命令组

在 Excel 功能区中，包括【文件】、【开始】、【插入】、【页面布局】、【公式】、【数据】、【审阅】、【视图】和【开发工具】选项卡。每个选项卡中包含多组以特定任务为主题的功能命令，并且可以随 Excel 窗口的大小自动更改选项卡的尺寸和样式，以适应显示空间的要求。

除了常规选项卡之外，当在 Excel 中进行某些操作时，会在功能区自动显示与之有关的选项卡，因此也称为"上下文选项卡"。例如，当在工作表中选中插入的图片对象时，功能区自动显示出【图片工具】选项卡，在【格式】子选项卡中，包含了与图片操作有关的命令，如图 1-3 所示。

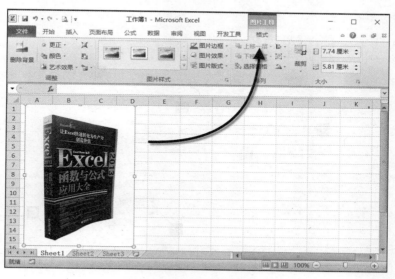

图 1-3 【格式】选项卡

"上下文选项卡"主要包括图表工具、绘图工具、页眉和页脚工具、数据透视表工具、数据透视图工具、表格工具和 SmartArt 工具等。

1.2.1 可定制的功能区

Excel 允许用户根据自己的需要和使用习惯，对选项卡和命令组进行显示、隐藏以及次序的调整，如图 1-4 所示。

以显示【开发工具】选项卡为例，依次单击【文件】→【选项】，打开【Excel 选项】窗口，切换到【自定义功能区】选项卡。在右侧的【自定义功能区】列表中，勾选【开发工具】复选框，单击【确定】按钮即可。

图 1-4 隐藏或显示【开发工具】选项卡

在【Excel 选项】对话框中，选中【自定义功能区】选项卡，单击右侧下方的【新建选项卡】，自定义功能区列表中会显示新创建的自定义选项卡。

用户可以对新建的选项卡和其下的命令组重命名，并通过左侧的常用命令列表向右侧的命令组中添加命令，如图 1-5 所示。

图 1-5　添加自定义选项卡和添加命令

如需删除自定义的选项卡，可以在选项卡列表中选中该选项卡，再单击左侧的【删除】按钮。

Excel 不允许用户删除内置的选项卡，但是可以对所有选项卡进行重命名。在选项卡列表中选中需要重命名的选项卡，单击右下角的【重命名】按钮，在弹出的【重命名】对话框中输入显示名称，依次单击【确定】按钮，关闭【重命名】对话框和【Excel 选项】对话框，如图 1-6 所示。

图 1-6　重命名选项卡

用户可以根据需要，调整选项卡在功能区中的显示次序。选中待调整的选项卡，单击【主选项卡】列表右侧的微调按钮，或是选中待调整的选项卡，按住鼠标左键直接拖动到需要移动的位置，松开鼠标左键即可。

如果用户需要恢复 Excel 程序默认的选项卡设置，可以单击右侧下方的【自定义】下拉列表中的【重置所有自定义项】，或是单击【仅重置所选功能区选项卡】对选中的选项卡进行重置操作。

1.2.2　可定制的快速访问工具栏

快速访问工具栏包括几个常用的命令快捷按钮，通常显示在 Excel【文件】选项卡的上方，默认包括【保存】、【撤销】和【恢复】3 个命令按钮，不会因为功能选项卡的切换而隐藏，如图 1-7 所示。

单击快速访问工具栏右侧的下拉箭头，可以在扩展菜单中显示更多的常用命令按钮。通过勾选可以将常用命令添加到快速访问工具栏，如图 1-8 所示。

图 1-7　快速访问工具栏　　　　图 1-8　自定义快速访问工具栏

在图 1-8 所示的【自定义快速访问工具栏】下拉菜单中，勾选【在功能区下方显示】，可更改快速访问工具栏的显示位置。

除了【自定义快速访问工具栏】下拉菜单中的几项常用命令，用户也可以根据需要将其他命令添加到此工具栏。以添加【删除工作表】命令按钮为例，可按以下步骤操作。

步骤 1　单击快速访问工具栏右侧的下拉箭头，在扩展菜单中单击【其他命令】，将会弹出【Excel 选项】对话框的【快速访问工具栏】选项卡。

步骤 2　在左侧【从下列位置选择命令】下拉列表中选择【所有命令】选项。然后在命令列表中找到【删除工作表】命令并选中，再单击中间的【添加】按钮，最后单击【确定】按钮关闭【Excel 选项】对话框，如图 1-9 所示。

需要删除快速访问工具栏上的命令时，只需用鼠标右键单击命令按钮，在扩展菜单中单击【从快速访问工具栏删除】按钮即可，如图 1-10 所示。

图 1-9　在快速访问工具栏上添加命令　　　　图 1-10　删除快速访问工具栏上的命令

1.3 创建与保存工作簿

在 Excel 中，用来存储用户数据的文件叫作工作簿。每个工作簿可以包含多个工作表，在 Excel 2010 中，每个工作簿可容纳的最大工作表数与可用内存有关。

当新建一个工作簿进行保存时，在【另存为】对话框的【保存类型】下拉菜单中可以选择所需要的 Excel 文件格式，如图 1-11 所示。

图 1-11　Excel 2010 可选择的文件格式

其中 ".xlsx" 是 Excel 2010 默认的普通工作簿格式。".xlsm" 是启用宏的工作簿，当工作簿中包含宏代码时，需要使用这种格式保存。

1.3.1 创建工作簿

使用以下两种方法可以创建新工作簿。

1.　在 Excel 工作窗口中创建

从系统开始按钮或是桌面快捷方式启动 Excel，启动后的 Excel 会自动创建一个名为"工作簿 1"的空白工作簿。如果重复启动 Excel，工作簿名称中的编号会依次增加。

也可以在已经打开的 Excel 窗口中，依次单击【文件】→【新建】，在可用模板列表中选择【空白工作簿】，单击右侧的【创建】按钮创建一个新工作簿，如图 1-12 所示。

在已经打开的 Excel 窗口中，按<Ctrl+N>组合键，可以快速创建一个新工作簿。

以上方法创建的工作簿在用户没有保存之前只存在于内存中，没有实体文件存在。

2.　在系统中创建工作簿文件

在 Windows 桌面或是文件夹窗口的空白处单击鼠标右键，在弹出的快捷菜单中单击【新建】→【Microsoft Excel 工作表】，可在当前位置创建一个新的 Excel 工作簿文件，并处于重命名状态，如图 1-13 所示。使用该命令创建的新 Excel 工作簿文件是一个存在于系统磁盘内的实体文件。

图 1-12　创建新工作簿　　　　　　图 1-13　通过快捷菜单创建工作簿

1.3.2 | 保存工作簿

　　用户新建工作簿或是对已有工作簿文件重新编辑后，要经过保存才能存储到磁盘空间，用于以后的编辑和读取。在使用 Excel 过程中，必须养成良好的保存文件习惯，经常性的保存可以避免由于系统崩溃或是突然断电造成的损失，对于新建工作簿，一定要先保存，再进行数据编辑录入。

　　保存工作簿的方法有以下 3 种。

　　（1）单击快速访问工具栏的保存按钮 [保存图标] 。

　　（2）依次单击功能区的【文件】→【保存】或【另存为】。

　　（3）按<Ctrl+S>组合键，或是按<Shift+F12>组合键。

　　当工作簿编辑修改后未经保存就被关闭时，Excel 会弹出提示信息，询问用户是否进行保存，单击【保存】按钮就可以保存该工作簿，如图 1-14 所示。

　　对新建工作簿第一次保存时，会弹出【另存为】对话框，可在【另存为】对话框左侧列表框中选择文件存放的路径。单击【新建文件夹】按钮，可以在当前路径中创建一个新的文件夹。用户可以在【文件名】文本框中为工作簿命名，在【保存类型】对话框中选择文件保存的类型，默认为"Excel 工作簿"，即以".xlsx"为扩展名的文件，单击【保存】按钮关闭【另存为】对话框，如图 1-15 所示。

图 1-14　Excel 提示对话框　　　　　　图 1-15　【另存为】对话框

提示

　　"保存"和"另存为"的名字和作用接近，但在实际使用时有一定的区别。对于新建工作簿的首次保存，"保存"和"另存为"命令的作用完全相同。对于之前已经保存过的现有工作簿，再次执行保存操作时，【保存】命令直接将编辑修改后的内容保存到当前工作簿中，工作簿的文件名和保存路径不会有任何变化。【另存为】命令则会打开【另存为】对话框，允许用户对文件名和保存路径重新进行设置，得到当前工作簿的副本。

1.4　工作簿保护

　　如果 Excel 工作簿中包含某些重要的信息，用户可以为 Excel 文件设置打开密码，保护信息不会泄露或是被其他人修改。

　　在【另存为】对话框底部的工具栏上依次单击【工具】→【常规选项】，将弹出【常规选项】对话框，用户可以为工作簿设置打开权限密码或是修改权限密码等，如图 1-16 所示。

图 1-16　【常规选项】对话框

　　勾选【生成备份文件】复选框，则每次保存工作簿时，会自动创建备份文件。Excel 将上一次保存过的同名文件重命名为"xxx 的备份.xlk"，同时将当前窗口中的工作簿保存为与原文件同名的工作簿文件。每次保存时，磁盘空间上会同时存在新旧两个版本的文件，用户可以在需要时打开备份文件，使表格恢复到上一次保存的状态。备份文件只会在保存时生成，用户也只能从备份文件中获取前一次保存的文件，不能恢复到更久之前的状态。

　　在【打开权限密码】编辑框中输入密码，可以为当前工作簿设置打开文件的密码保护，如果没有正确的密码，则无法打开所保存的工作簿文件。

　　在【修改权限密码】编辑框中设置的密码可以保护工作簿不能被意外修改。当打开设置了修改权限密码的工作簿时会弹出对话框，要求用户输入修改密码或是以只读方式打开文件，如图 1-17 所示。在只读方式下，用户对工作簿所做的修改无法保存到原文件，只能保存到其他副本中。

　　如果在【常规选项】对话框中勾选【建议只读】复选框，当再次打开此工作簿时，会弹出图 1-18 所示的对话框，建议用户以只读方式打开工作簿。

图 1-17　输入密码对话框　　　　　　　　　　　图 1-18　建议只读

除此之外，还可以在【文件】选项卡下，依次单击【保护工作簿】→【用密码进行加密】，在弹出的【加密文档】对话框中输入密码，单击【确定】按钮，Excel 会要求再次输入密码进行确认，如图 1-19 所示。

图 1-19　用密码加密文档

设置密码后，此工作簿下次被打开时将提示输入密码，如果不能提供正确的密码，将无法打开此工作簿。如需要解除工作簿的打开密码，可以按上述步骤再次打开【加密文档】对话框，删除现有密码即可。

1.5　文件格式与兼容性

目前有多个版本的 Excel 并存，从 Excel 2003、Excel 2007、Excel 2010，直到 Excel 2013 和 Excel 2016 都有用户使用。

从 Excel 2007 开始，引入了全新的文件格式，如果用户使用 Excel 2007 以上版本创建工作簿，这种情况下不必考虑兼容性问题。但如果用户使用 Excel 2003 版本创建工作簿，则需要理解兼容性的相关知识。

Excel 2010 常用的文件格式如表 1-1 所示。

表 1-1　　　　　　　　　　　　　　　Excel 2010 常用文件格式

后缀名	说明
.xlsx	默认工作簿文件
.xlsm	包含宏的工作簿文件
.xltx	不含宏的工作簿模板文件
.xltm	包含宏的工作簿模板文件
.xlsa	加载项文件
.xlk	备份文件

1. Office 兼容包

使用 Excel 2007 之前版本不能打开新的 Excel 文件格式的工作簿，但是可以安装 Microsoft 为 Office 2003 和 Office XP 用户发布的免费兼容包。

Office 2003 或 Office XP 用户安装兼容包后，就可以打开用 Office 2007 或后续版本创建并保存的新格式文件。但需要注意，这个兼容包并不为旧版本的 Excel 引入任何新功能，只是让其可以打开和保存新格式的文件。

除了版本兼容性，深入了解文档的兼容性也非常重要，因为即使其他用户能够用旧版本 Excel 打开新格式的 Excel 文件，也无法保证文档中的单元格样式、颜色等元素的正常显示。

2. 检查兼容性

如果将工作簿保存为 Excel 2007 之前的默认格式.xls，Excel 会自动运行兼容性检查器。兼容性检查器能够检查当前工作簿中的元素以及在以此格式保存时是否会丢失功能或外观上是否会发生变化，如图 1-20 所示。

图 1-20　兼容性检查器

"兼容性检查器"对话框的下方列出了所有的兼容性问题。如果单击【复制到新表】按钮，Excel 会自动插入一个名为"兼容性报表"的工作表，并将其中的内容以更便于阅读的方式列出。

虽然 Excel 2007 以上版本默认文件格式都是.xlsx 格式，但兼容性问题也会发生在这些版本之间，部分 Excel 2010 保存的文件无法完美地用于 Excel 2007 版本中。

例如，工作表中包含切片器的数据透视表，当将其发送给使用 Excel 2007 的用户时，工作表中的切片器组件将无法显示。另外，所有使用了高版本中新添加函数的公式都无法正常使用，并在函数名称前自动添加 "_xlfn." 的前缀，如图 1-21 所示。

如果使用 Excel 2010 打开由 Excel 2003 创建的文件，则会开启"兼容模式"，并在标题栏中显示"兼容模式"字样，如图 1-22 所示。

f_x	=_xlfn.AGGREGATE(1,0,A1:A10)
D	E	F

图 1-21　在 Excel 2007 中打开的公式无法计算

工作簿1.xls [兼容模式] - Microsoft Excel

图 1-22　兼容模式提示

在"兼容模式"下，Excel 2010 新增或是增强的功能将不可使用，仅可以使用与早期版本相兼容的功能进行编辑操作。

使用以下 2 种方法，可以根据需要将早期版本的工作簿文件转换为当前版本。

方法 1　打开待转换格式的工作簿，单击【文件】选项卡，再单击【转换】按钮完成格式转换，如图 1-23 所示。

方法 2　打开待转换格式的工作簿，按<F12>键，将工作簿另存为高版本默认格式的文件。

如果早期版本的工作簿文件中包含宏代码或是其他启用宏的内容，在另存为 Excel 2010 版本时，需要选择"启用宏的工作簿"，即 ".xlsm" 格式的文件。

图 1-23　兼容模式转换

1. Excel 2010 默认工作簿文件类型是（＿＿＿），启用宏的工作簿需要保存为（＿＿＿）格式。

2. 在 Excel 2010 功能区中，包括（＿＿＿）选项卡、（＿＿＿）选项卡、（＿＿＿）选项卡、（＿＿＿）选项卡、（＿＿＿）选项卡、（＿＿＿）选项卡、（＿＿＿）选项卡和（＿＿＿）选项卡。

3. 以下说法正确的是（＿＿＿）。

　A. 双击桌面快捷方式启动 Excel 新建的工作簿，是保存在系统磁盘上的实体文件

　B. 在桌面或文件夹窗口中，通过快捷菜单新建的工作簿是保存在系统磁盘上的实体文件

4. 保存工作簿的方法有以下几种。

① （＿＿＿＿＿＿＿＿＿＿＿＿＿＿＿）

② （＿＿＿＿＿＿＿＿＿＿＿＿＿＿＿）

③ （＿＿＿＿＿＿＿＿＿＿＿＿＿＿＿）

5. 在快速访问工具栏中添加"数据透视表和数据透视图向导"命令。

6. 在功能区中新建一个选项卡，并命名为"我的选项卡"。在新建选项卡下添加命令组，并命名为"常用命令"，在命令组中添加"筛选"和"格式刷"命令按钮，如图 1-24 所示。

7. 新建一个名为"我的第一个工作簿"的工作簿，为该工作簿设置修改权限密码为 12345。

图 1-24　自定义选项卡

第 2 章

数据输入

　　合理输入和编辑数据，对后续的数据处理与分析具有非常重要的意义。本章主要介绍 Excel 中的各种数据类型，以及在 Excel 中输入和编辑不同类型数据的方法和常用技巧。

2.1 认识 Excel 中的数据类型

当用户向工作表的单元格输入信息时，Excel 会自动对输入的数据类型进行判断。Excel 可识别的数据类型有数值类型、日期或时间类型、文本、公式以及逻辑值和错误值等。

2.1.1 数值

数值是指所有代表数量的数字形式，例如企业的产值和利润、学生的成绩、个人的身高体重等。数值可以是正数，也可以是负数，都可以用于数学计算，比如加、减以及求平均值等。除了普通的数字以外，还有一些带有特殊符号的数字也被 Excel 理解为数值。

（1）负号。如果在输入数值前面带有一个负号（-），Excel 识别为负数。

（2）正号。如果在输入数值前面带有一个正号（+）或不加任何符号，Excel 都将识别为正数，但不显示正号。

（3）百分比符号。在输入数值后面加一个百分比符号（%），Excel 将识别为百分数，并且自动应用百分比格式。

（4）货币符号。在输入数值前面加一个系统可识别的货币符号，例如￥，Excel 会识别为货币值，并且自动应用相应的货币格式。

另外，如果在输入的数值中包含半角逗号或者字母 E，且位置放置正确，Excel 会将其识别为千位分隔符和科学记数符号。比如 8,600 和 "5E+5"，Excel 会分别识别为 8 600 和 $5×10^5$，并且自动应用货币格式和科学记数格式，而对于 86,00 和 E55 等则不会识别为数值。

在现实中，数字的大小可以无穷无尽，但是在 Excel 中，由于软件系统自身的限制，所使用的数值也存在着一些规范和限制。

Excel 可以表示和存储的数字最大精确到 15 位有效数字。对于超过 15 位的整数数字，Excel 会自动将 15 位以后的数字变为零，例如 123 456 789 123 456 789（18 位），会显示为 123 456 789 123 456 000。而对于大于 15 位有效数字的小数，则会将超出的部分直接舍去。

对于超过 15 位有效数字限制的数据，用户可以通过文本形式来保存处理。例如，在单元格中输入身份证号码之前，先输入半角单引号 "'"，或者先将单元格格式设置为文本格式后再输入身份证号码，均可使输入的身份证号码正常显示。

2.1.2 日期和时间

在 Excel 中，日期和时间是以一种特殊的数值形式存储的，这种数值形式被称为 "序列值"。

在 Windows 操作系统上所使用的 Excel 版本中，日期系统默认为 "1900 年日期系统"，即以 1900 年 1 月 1 日作为序列值的基准日，当日的序列值记为 1，这之后的日期均以距基准日期的天数作为其序列值，例如，1900 年 1 月 15 日的序列值为 15，2016 年 9 月 1 日的序列值为 42 614。在 Excel 中可表示的最大日期是 9999 年 12 月 31 日，它的序列值是 2 958 465。

由于日期存储为数值的形式，因此它继承着数值的所有运算功能，可以参与加减乘除等数值运算。日期运算的实质就是序列值的数值运算，例如，要计算两个日期之间的相距天数，可以直接在单元格中输入两个日期，再用减法运算公式来求得。

日期系统的序列值是一个整数数值，一天的数值单位就是 1，那么 1 小时就可以表述为 1/24 天，1 分钟就可以表述为 1/（24×60）天等，一天中的每一个时刻都可以由小数形式的序列值来表示。例如，正午 12：00：00 的序列值为 0.5（一天的一半），12：01：00 的序列值近似 0.500 694。

13

用户在输入日期和时间时，需要用正确的格式输入。

在默认的中文 Windows 操作系统下，使用短杠（-）、斜杠（/）和中文"年月日"等间隔格式为有效的日期格式，例如，"2016-9-1"是能被 Excel 识别的有效日期。不同日期输入方式与识别结果如表 2-1 所示。

表 2-1　　　　　　　　　　　日期输入的几种格式

单元格输入（-）	单元格输入（/）	单元格输入（中文年月日）	Excel 识别为
2016-9-13	2016/9/13	2016 年 9 月 13 日	2016 年 9 月 13 日
16-9-13	16/9/13	16 年 9 月 13 日	2016 年 9 月 13 日
79-3-2	79/3/2	79 年 3 月 2 日	1979 年 3 月 2 日
2016-9	2016/9	2016 年 9 月	2016 年 9 月 1 日
9-13	9/13	9 月 13 日	当前系统年份下的 9 月 13 日

以上几种输入日期的方式都能被 Excel 识别，但需要注意以下 3 点。

（1）输入年份可以使用 4 位年份（如 2016），也可以使用两位年份（比如 16）。但在 Excel 2010 中，系统默认将 0～29 之间的数字识别为 2000 年～2029 年，将 30～99 之间的数字识别为 1930～1999 年。如表 2-1 所示。

（2）当输入的日期数据只包含 4 位年份和月份时，Excel 会自动将该月的 1 日作为它的日期值。比如输入"2016-10"，显示结果为"2016-10-1"。

（3）当输入的日期只包含月份和天数时，Excel 会识别为系统当前年份的日期。

 注意

用户输入日期的一个常见误区，经常将点号"."作为日期分隔符。这并不符合日期格式规范，Excel 会将其识别为普通文本或数值，而不能识别为日期。例如，2013.5.9 和 5.1 将分别被识别为文本和数值。

Excel 所能识别的时间格式如表 2-2 所示。

表 2-2　　　　　　　　　　　Excel 可识别的时间格式

单元格输入	Excel 识别为
11:30	上午 11:30
13:45	下午 1:45
13:30:02	下午 1:30:02
11:30 上午	上午 11:30
11:30 AM	上午 11:30
11:30 下午	晚上 11:30
11:30 PM	晚上 11:30
1:30 下午	下午 1:30
1:30 PM	下午 1:30

此外，用户也可以将日期和时间结合输入，即在日期和时间之间用空格作为分隔符。如表 2-3 所示。

表 2-3　　　　　　　　　　　Excel 可识别的日期时间格式

单元格输入	Excel 识别为
2013/5/7 11:30	2013 年 5 月 17 日 11:30
13/5/17 11:30	2013 年 5 月 17 日 11:30
07/7/17 0:30	2007 年 7 月 17 日 0:30
03-07-17 10:30	2003 年 7 月 17 日 10:30

2.1.3 文本

文本通常是指一些非数值的文字、符号等，如企业的部门名称、学生的考试科目、个人的姓名等。除此之外，许多不代表数量的、不需要进行数值计算的数字也可以保存为文本形式，如电话号码、身份证号码等，所以文本并没有严格意义上的概念。

2.1.4 公式

公式是 Excel 中一种非常重要的工具，Excel 作为一种电子数据表格，许多强大的计算功能都是通过公式来实现的。

用户在单元格中输入公式，都是以等号 "=" 开头，公式的内容可以是简单的数学公式，也可以包括 Excel 的内嵌函数，甚至是用户自定义函数。

2.1.5 逻辑值

逻辑值包括 TRUE（真）和 FALSE（假）2 种类型。

例如，公式 "=3>2"，就会返回逻辑值 TRUE。而公式 "=3<2" 则返回逻辑值 FALSE。

2.1.6 错误值

用户在使用 Excel 过程中，经常会遇到一些错误值信息，例如#N/A!，#VALUE!等。出现这些错误的原因有很多种，常见原因是公式不能计算正确结果造成的。例如，在需要数字的公式中使用了文本、删除了被公式引用的单元格等。

2.2 认识自动填充

Excel 中的自动填充功能十分强大，是数据处理的必备技能之一。

2.2.1 自动填充功能的开启和关闭

在【文件】选项卡中单击【选项】命令，在弹出的【Excel 选项】对话框中单击【高级】选项卡，在【编辑选项】区域中勾选【启用填充柄和单元格拖放功能】复选框，最后单击【确定】按钮，如图 2-1 所示。

图 2-1 自动填充功能的开启

2.2.2 数值的填充

如果要在工作表中输入一列数字，例如，在 A 列中输入数字 1 到 10，最简单的方法就是自动填充，有以下 2 种方法可以实现。

方法 1 在 A1 和 A2 单元格中分别输入数字"1"和"2"。然后选中 A1:A2 单元格区域，把指针移动到 A2 单元格的右下角填充柄的位置，这时指针会变成一个黑色的十字形。

按住鼠标左键不放，然后向下拖曳，此时在指针右下方会显示一个数字，代表鼠标当前位置产生的数值，当显示为 10 时释放鼠标左键即可，如图 2-2 所示。

方法 2 首先，在 A1 单元格中输入数字"1"。然后，选中 A1 单元格并指向其右下角的填充柄，按住<Ctrl>键的同时向下拖曳鼠标至 A10 单元格，释放鼠标左键和<Ctrl>键，如图 2-3 所示。

在使用填充柄进行数据的填充过程中按<Ctrl>键，可以改变默认的填充方式。

如果单元格的值是数值型数据，在默认的情况下，直接拖曳是复制填充模式，而按住<Ctrl>键再进行拖曳则更改为序列填充模式，且步长为 1。如果单元格中的内容是包含数值的文本型数据，默认情况下直接拖曳为序列填充模式，且步长为 1，而按住<Ctrl>键再进行拖曳则为复制填充模式。

在拖曳结束后，单元格区域的右下角会出现"填充选项"按钮，将鼠标移至按钮上，可以选择更多填充选项，如图 2-4 所示。

图 2-2 利用 Excel 自动填充功能填充系列

图 2-3 自动填充功能

图 2-4 填充选项

在使用方法 1 时，如果 A1 和 A2 单元格之差不是 1，那么在进行序列填充时，Excel 会自动计算它们的差，并以此作为步长值来填充后面的序列值。

2.2.3 日期的自动填充

Excel 的自动填充功能会随着填充数据类型的不同而自动调整。当起始单元格内容是日期时，填充的选项会变得更为丰富，如图 2-5 所示，用户可以在填充选项中对其做进一步的选择。

（1）日：填充时以天数作为日期数据递增变化的单位。

（2）工作日：填充时同样以天数作为日期数据递增变化的单位，但是其中不包含周末。

（3）月：填充时以月份作为日期数据递增变化的单位。

（4）年：填充时以年份作为日期数据递增变化的单位。

例如，输入 2016 年 1 月 1 日，使用以月填充选项，可返回之后其他月份的第一天，如图 2-5 所示。

图 2-5 丰富的日期填充选项

2.2.4 文本的自动填充

对于普通文本的自动填充，只需输入需要填充的文本，选中单元格区域拖曳填充柄即可，除了复制单元格内容外，用户还可以选择是否填充格式等，如图 2-6 所示。

2.2.5 特殊文本的填充

Excel 内置了一些常用的特殊文本序列，其使用方法非常简单，用户只需要在起始单元格输入所需要的序列的某一元素，然后选中单元格，拖曳填充柄下拉填充即可。如图 2-7 所示，Excel 能够自动填充中英文月份。

图 2-6 文本的自动填充　　　　图 2-7 Excel 内置系列的使用

此外，Excel 还允许用户使用自定义序列，使用自定义序列填充的步骤和内置序列完全一样。

2.2.6 自定义序列

假如用户需要使用一些特殊要求的序列，如"总经理、副总经理、经理、主管、领班"，可以将其添加为自定义序列，以便重复使用。

添加自定义序列的方法如下。

在工作表的 A1:A5 单元格分别输入"总经理""副总经理""经理""主管""领班"，然后选中 A1:A5 单元格区域，依次单击【文件】→【选项】命令，将会弹出【Excel 选项】对话框。在【高级】选项卡中单击【常规】区域的【编辑自定义列表】按钮，将会打开【自定义序列】对话框。在【从单元格中导入序列】编辑框中可以看到已选中的单元格区域已经自动添加，单击【导入】按钮，最后单击【确定】按钮关闭对话框，如图 2-8 所示。

设置完成后，即可像使用内置序列一样来使用自定义序列进行自动填充或是排序等操作。

2.2.7 填充公式

Excel 的自动填充功能使公式的复制变得非常简单，极大提高了公式的输入速度和准确性。只要选中输入了公式的起始单元格，拖曳单元格填充柄，即可实现快速填充。

图 2-8　自定义序列

2.2.8　巧用右键和双击填充

1. 右键菜单

如需使用右键菜单填充的方法在 A 列快速填充 1 到 10 的序列，具体操作如下。

在 A1 单元格输入起始值 1，选中 A1 单元格，按住鼠标右键不放拖曳至 A10 单元格，松开鼠标右键，Excel 会自动弹出快捷菜单。在弹出的快捷菜单中单击【填充序列】命令；如图 2-9 所示。

此外，也可以在弹出的快捷菜单中单击【序列】命令，在弹出的【序列】对话框中进行更多的设置，如图 2-10 所示。

2. 双击填充柄

双击 Excel 的填充柄可以更加快捷地启用其自动填充功能。同样，在填充动作结束时，单元格区域右下角会出现【填充选项】按钮，单击该按钮选择需要的填充选项即可。

图 2-9　使用右键菜单进行填充

双击填充柄对于公式的填充尤为方便。

该方法的不足之处在于，填充动作所能填充到的最后一个单元格，取决于当前连续区域中的其他列的数据情况。例如，在图 2-11 中，B 列的填充将止步于 B7 单元格，因为 A8 单元格是空白单元格。

图 2-10 【序列】对话框

图 2-11 双击填充的局限性

2.3 数据输入常用技巧

在 Excel 工作表中输入数据是一项频率很高但是效率却比较低的工作，掌握一些数据输入的常用技巧，可以简化数据输入操作，提高工作效率，以下介绍数据输入的常用技巧。

2.3.1 单元格内容换行

当单元格输入的文本内容超过单元格宽度时，Excel 会默认显示全部文本。但是，如果其右侧单元格有其他内容，则部分数据会被遮挡，而无法显示全部的单元格内容，如图 2-12 所示，单元格区域 A2:A4 的长文本数据，被表格 B 列数据所遮挡。

为了能在宽度有限的单元格中显示所有的内容，可以使用单元格的自动换行功能。

1. 文本自动换行

选中包含长文本内容的单元格区域，如 A1 单元格，在【开始】选项卡中单击【自动换行】切换按钮，如图 2-13 所示。

图 2-12 长文本单元格的显示方式

图 2-13 自动换行

此时，Excel 会自动增加单元格的高度，使长文本自动换行，以便完整地显示出来。假如调整了单元格宽度，长文本也会自适应列宽以完整显示所有文本内容。

2. 插入换行符

如果想自由控制文本换行的位置，插入换行符无疑是最佳的选择。

沿用上例，选中单元格后，把指针定位到文本中需要强制换行的位置，例如，在逗号之后，按<Alt+Enter>组合键插入换行符，就能够实现图 2-14 所示的换行效果。

图 2-14 使用换行符强制换行

2.3.2 | 自动更正的使用

Excel 的"自动更正"功能不但能够帮助用户更正拼写错误，也可以帮助用户快速输入一些特殊的字符。例如，当需要输入图标符"®"时，只需在单元格中输入"（R）"即可。

依次单击【文件】→【选项】，在【Excel 选项】对话框中单击【校对】选项卡，在【自动更正】选项区域单击【自动更正选项】按钮，在打开的【自动更正】对话框中可以看到内置的自动更正项目，如图 2-15 所示。

图 2-15　内置的自动更正项目

"自动更正"功能允许自定义规则，用户可以根据自己的需求添加或删除自动更正的项目。

示例 2-1　添加和删除自动更正项目

素材所在位置如下。

光盘：\素材\第 2 章　数据输入\示例 2-1 添加和删除自动更正项目.xlsx。

依次按下<Alt>、<T>、<A>键，打开【自动更正】对话框，在【替换】文本框中输入"EH"（注意字母大写），在【为】文本框中输入"ExcelHome"，最后单击【确定】按钮，如图 2-16 所示。

图 2-16　添加自动更正项目

此时，在工作表中输入"EH"，Excel 会自动将其替换为"ExcelHome"。

若要删除所添加的自动更正项目，只需在【自动更正】对话框项目列表中选中相关项目，单击【删除】按钮即可。

示例结束

 提示

在 Excel 中创建的自动更正项目也适用于其他 Office 程序，例如 Word、PowerPoint 等。同样，在其他 Office 程序中创建的自动更正项目也适用于 Excel 程序。

2.3.3 正确输入分数

虽然小数完全可以代替分数来进行运算，但有些类型的数据依然需要使用分数来显示，例如表示完成了工作量的多少，0.333 3 就没有 1/3 看起来更加直观。

在 Excel 单元格中输入分数，如果直接输入 1/3，Excel 会识别日期"1 月 3 日"。正确输入分数的方法是，在分数部分和整数部分之间添加一个空格。

例如，在单元格中输入 1/3 的步骤是，先输入 0，然后输入一个空格，再输入 1/3，最后按<Enter>键确认。

2.3.4 在多个单元格同时输入数据

当需要在多个不连续单元格中同时输入相同数据时，一种方法是将数据输入到其中一个单元格，然后把该单元格数据复制到其他所有单元格中。除此之外，还有一种更加方便、快捷的方式。

首先选中需要输入相同数据的多个单元格（如果多个单元格为非连续单元格区域，可以按住<Ctrl>键的同时再依次选取其他单元格区域），然后输入所需要的数据，在输入结束时，按<Alt+Enter>组合键确认输入，此时，在选中的所有单元格中就会出现相同的输入内容，如图 2-17 所示。

图 2-17　在多个单元格同时输入数据

 习题2

1. Excel 所能识别的主要数据类型有（　　　　）、（　　　　）、（　　　　）、（　　　　）、（　　　　）、（　　　　）等。

2. 逻辑值有（　　　　）和（　　　　）2 种。

3. 以下说法正确的是（　　　）。

① 在 Excel 中，"2013.8.9"是一个正确的日期值。

② 身份证号码属于文本类型，而非数值类型。

4. 计算日期"2016-9-1"后 80 天的日期。

5. 在一个单元格内输入一个长文本，并在需要处强制换行。

6. 在 Excel 中输入一个分数和您的身份证号码。

7. 在单元格中输入"女排"，使其自动更正为"中国女排"。

第3章

工作表日常操作

本章主要介绍 Excel 工作表日常操作的相关内容，包括单元格和单元格区域的复制、粘贴和移动，工作窗口的视图控制，以及工作表打印的常见问题和解决方法。

3.1 行和列的基本操作

在 Excel 工作表中，由横线所分隔出来的区域被称为"行"，由竖线分隔出来的区域被称为"列"，用于划分不同行列的横线和竖线被称为"网格线"，而行列互相交叉所形成的一个个格子，则被称为"单元格"。

如图 3-1 所示，一组垂直的数字标签标识了 Excel 的行标题，而另一组水平的英文字母标签则标识了 Excel 的列标题。在 Excel 2010 中，工作表的最大行标题为 1 048 576 行，最大列标题为 XFD 列（即 16 384 列）。

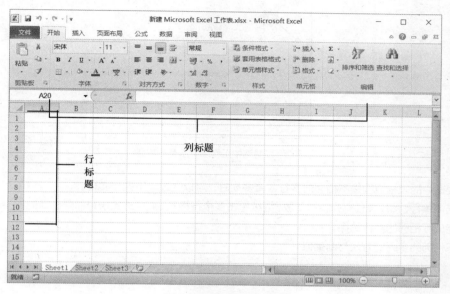

图 3-1　行标题和列标题

3.1.1 选择行和列

单击某一行的行标签，可以选中整行。

单击某一行的行标签，按住鼠标左键不放，向上或向下拖动可以选中多行区域。

此外，用鼠标单击某行的行标签选中整行后，按住<Shift>键，单击目标行标签，可以快速选中两行之间所有的行，如图 3-2 所示。

	A	B	C	D	E
1	姓名	语文	数学	英语	历史
2	杨玉兰	6	6	81	2
3	龚成琴	145	50	26	62
4	王	145	118	29	4
5	白化昆	141	14	55	17
6	班虎忠	49	54	149	56
7	補态福	126	115	79	13
8	王天艳				
9	安德运	按<Shift>键，再次单击目标行标签			
10	岑仕美				
11	杨再发	134	81	143	97
12					

图 3-2　使用<Shift>键选中连续多行

选中连续多列的方法与此类似。

提示

　　单击工作表左上角的"全选"按钮，可以同时选中工作表中所有的行和所有的列，即选中整个工作表区域，如图3-3所示。

图 3-3　同时选中工作表中所有行和列

当需要选中的表格范围是不相邻的多行或者多列时，可以通过以下操作实现。

首先选中单行，然后按住<Ctrl>键不放，继续单击多个行标签，直至选完所有需要选择的行，释放<Ctrl>键，即可完成不相邻的多行选择。

选中不相邻的多列的方法与此类似。

3.1.2　设置行高和列宽

用户可以根据需要调整单元格的行高或列宽，主要有以下3种方法。

1. 精确设置行高和列宽

鼠标选取目标行的整行或者某个单元格，在【开始】选项卡上依次单击【格式】→【行高】命令，在弹出的【行高】对话框中输入所需要设定的行高的具体数值，最后单击【确定】按钮，即可按指定的值设置行高，如图3-4所示。

图 3-4　使用菜单方式设置行高

设置列宽的方法与此类似。

另一种精确设置行高和列宽的方法是在选中行或者列后，单击鼠标右键，在弹出的快捷菜单中选择【行高】（或者【列宽】）命令，然后进行相应的操作，如图 3-5 所示。

2. 直接改变行高和列宽

在工作表中选中单列或者多列，鼠标指针放置在选中列和相邻列的标签之间，此时，鼠标指针会显示为一个黑色的十字箭头。按住鼠标左键不放，向左或向右拖动鼠标，在列标签上方会显示当前的列宽，如图 3-6 所示。调整到所需要的列宽时，释放鼠标左键，即可完成列宽的设置。

设置行高的方法与此类似。

图 3-5　快捷菜单设置行高

图 3-6　拖动鼠标设置列宽

3. 快速设置最适合的行高和列宽

Excel 可以快速为表格设置合适的行高或者列宽，设置后的行高和列宽能够自动适应表格中的字符长度。

选中需要调整列宽的列，在【开始】选项卡上依次单击【格式】→【自动调整列宽】命令，即可以将选中列的列宽调整到最合适的宽度，如图 3-7 所示。

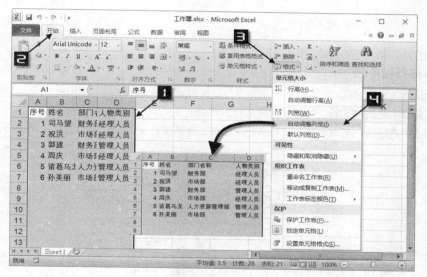

图 3-7　菜单设置最合适的列宽

与此类似，使用菜单中的【自动调整行高】命令，则可以设置最适合的行高。

除了使用菜单操作外，还有一种更加快捷的方法，也可以为数据区域设置最适合的行高或列宽。

首先选取需要调整列宽的多列，将鼠标指针放置在列标签之间，此时鼠标箭头显示为一个黑色双向箭头的图形，如图3-8所示。双击鼠标左键，即可完成设置"自动调整列宽"的操作。"自动调整行高"的方法与此类似。

图 3-8　双击鼠标实现"自动调整列宽"

3.1.3　插入行与列

当需要增加数据记录时，可以通过"插入"行或列的操作来实现。

1．插入单行和单列

用鼠标单击行标签选中整行，再单击鼠标右键，在弹出的快捷菜单中选择【插入】命令，或者在键盘上按<Ctrl+Shift+=>组合键，即可插入一行空行，如图3-9所示。

如果当前选中的范围是某个单元格，则在选择【插入】命令后会弹出【插入】对话框，在对话框中选择【整行】单选按钮，然后单击【确定】按钮，如图3-10所示。

图 3-9　插入空行

图 3-10　插入对话框

插入列的方法和插入行的方法类似。

2．插入多行和多列

如果在"插入"操作之前，所选中的是连续多行、多列或者多个单元格，则执行"插入"操作后，在选中的位置前，会插入与选中的行、列数目相同的行或者列。

例如，当选中连续4行后，再执行"插入行"操作，在选中行之前的位置会插入4个空行，如图3-11所示。

图 3-11　同时插入连续多行

如果在插入操作之前，选中的是非连续的多行或者多列，则新插入的空白行或者列，也是非连续的，数目与选中的行列数目相同。

注意

由于 Excel 2010 中行和列的数目都有最大限制，当执行插入行或插入列的操作时，Excel 本身的行、列数并没有增加，而是将位于表格最末位的空行或空列移除。因此，如果表格最后一行或最后一列不为空，则不能执行插入新行或者新列的操作，且会弹出图 3-12 所示的警告框，提示用户只有清空或者删除最末的行、列后才能在表格中插入新的行或者列。

图 3-12　最后的行列不为空时不得执行插入行或者列的操作

3.1.4 | 移动和复制行和列

当需要改变行列内容的放置位置或顺序时，可以通过"移动"行或列的操作来实现。

1. 移动行和列

选中需要移动的行，单击鼠标右键，在弹出的快捷菜单中选择【剪切】命令，或在键盘上按<Ctrl+X>组合键。

选中目标位置行，单击鼠标右键，在弹出的快捷菜单中选择【插入剪切的单元格】命令，即可完成移动行的操作。

完成操作后，移动行的原有位置会被自动清除。

此外，使用鼠标拖动的方法，也可以完成行或列的移动，而且操作更加直接、方便。

首先，选中需要移动的行，将鼠标移动至选中行的边框线上，当鼠标指针显示为黑色十字箭头时，按住鼠标左键，同时按住<Shift>键，拖动鼠标移动到目标位置，松开左键，释放<Shift>键，即可完成行的移动，如图 3-13 所示。

图 3-13　通过拖动鼠标移动行

移动列的操作方法与此类似。

注意

非连续的区域无法同时执行剪切操作，系统会弹出图 3-14 所示的提示框。

图 3-14　非连续区域无法同时执行剪切操作

2．复制行和列

复制行列与移动行列的操作方式十分相似，两者的区别在于，复制行列保留了原有对象，而移动行列则清除了原有对象。"复制"允许选择非连续的多行多列范围进行操作，而"移动"则禁止此类操作。

选中需要复制的行，单击鼠标右键，在弹出的快捷菜单中选择【复制】命令，或者按<Ctrl+C>组合键。

选中目标位置行，单击鼠标右键，在弹出的快捷菜单中选择【粘贴】按钮，或者按<Ctrl+V>组合键，即可完成复制行的操作，如图 3-15 所示。

另外，也可以使用拖动鼠标的方式进行复制行的操作。首先选中需要复制的行，将鼠标移动至选中行的边框线上，当鼠标指针显示为黑色十字箭头时，按住<Ctrl>键，按下鼠标左键拖动到目标位置，松开左键，释放<Ctrl>键，即可完成行的复制，结果如图 3-16 所示。

图 3-15　复制行

图 3-16　鼠标拖动实现复制替换行

复制列的操作过程与此类似。

3.2　单元格和区域

单元格是构成工作表的最基础元素。Excel 以列标签和行标签组成的行列坐标的方式表示单元格的地址，通常形式为"字母+数字"。例如"A1"，就是表示位于 A 列第一行的单元格。

多个单元格所构成的单元格群组被称为单元格区域，以下介绍常用的选取单元格和单元格区域的方法。

3.2.1　定位首末单元格

无论当前活动单元格在什么位置，只要按<Ctrl+Home>组合键就可以快速定位到 A1 单元格。

按<Ctrl+End>组合键，可以快速定位到已使用区域的右下角单元格，如图 3-17 所示。

3.2.2 水平、垂直方向定位

使用<Ctrl+←>或者<Ctrl+→>组合键，可以在同一行中快速定位到与空单元格相邻的非空单元格，如果没有非空单元格，则直接定位到此行中的第一个或最后一个有数据的单元格，如图 3-18 所示。

图 3-17　快速定位到已使用区域的右下角单元格　　图 3-18　使用快捷键定位水平方向的末端单元格

使用<Ctrl+↑>或者<Ctrl+↓>组合键，可以在同一列中快速定位到与空单元格相邻的非空单元格，如果没有非空单元格，则直接定位到此列中的第一个或最后一个有数据的单元格。

3.2.3 选取矩形区域

先选中矩形区域中任意一个单元格，如 A3，再按住<Shift>键，单击当前活动单元格的对角单元格，如 F5，可以选中以这两个单元格为左上角和右下角的矩形区域。如图 3-19 所示的 A3:F5 单元格区域。

图 3-19　鼠标配合<Shift>键选择矩形区域

此外，在名称框中直接输入单元格区域地址，例如"A3:F6"，按<Enter>键确认后，也可选取并定位到目标区域，如图 3-20 所示。

图 3-20　使用名称框定位目标区域

3.2.4 | 选取当前行或列的数据区域

使用<Ctrl+Shift+方向键>组合键，可以在活动单元格所处的连续数据区域中，选取从活动单元格到本行（或列）最后一个单元格所组成的单元格区域。

如图 3-21 所示，选中 A1 单元格，使用<Ctrl+Shift+↓>组合键，可以快速选取 A1:A11 单元格区域。

图 3-21　<Ctrl+Shift+↓>组合键选取当前列非空区域

如图 3-22 所示，选中 A1:E1 区域，使用<Ctrl+Shift+↓>组合键，可以快速选取 A1:E11 单元格区域。

图 3-22　快捷方式选中水平方向的目标区域

3.2.5 选取当前单元格连续区域

选中数据区域的任意单元格，使用<Ctrl+A>组合键可以快速选取与活动单元格相连的区域，如图 3-23 所示。

图 3-23 快捷方式选取当前数据区域

3.2.6 选取非连续区域

用鼠标选中一个数据区域，然后按下<Ctrl>键，再选取另外的数据区域，直至选完所有目标区域，最后释放<Ctrl>键，可以同时选取多个非连续的数据区域，如图 3-24 所示。

此外，也可以使用<Shift+F8>组合键。首先按<Shift+F8>组合键开启【添加到所选内容】模式，然后选取目标单元格或区域，直至选中所有目标，按<Esc>键退出【添加到所选内容】模式，如图 3-25 所示。

图 3-24 使用<Ctrl>键选取不连续区域

图 3-25 【添加到所选内容】模式

3.2.7 选取多个工作表的相同区域

如果需要选中多张工作表中的相同区域，可以使用以下操作方法。

步骤 1 按住<Ctrl>键，依次单击需要选中的工作表的标签，最后释放<Ctrl>键，此时所有被选中的工作表会形成一个"工作组"，Excel的标题栏也会显示"[工作组]"的字样，如图3-26所示。

图3-26 选中多张工作表

 提示

如果需要选取的多个工作表的位置相连，可以先单击最左侧工作表标签，按住<Shift>键，再单击需要选取的最右侧的工作表标签，然后释放<Shift>键。此时两个工作表以及之间的所有工作表均为选中状态，形成一个"工作组"。

步骤 2 当处于"工作组"状态时，在当前工作表中选择单元格或者区域后对其进行设置单元格格式或输入字符等操作，将同时作用于工作组中所有工作表的相同单元格或区域，如图3-27所示。

图3-27 对多个工作表同时进行编辑

3.2.8 选取特殊的区域

Excel中的定位功能是一种选中单元格的特殊方式，可以快速选中符合指定条件规则的单元格或区域，提高数据处理准确性。

单击【开始】→【查找和选择】下拉按钮，在下拉菜单中单击【定位条件】按钮，在弹出的【定位条件】对话框中，可以勾选批注、常量、公式、空值、对象和可见单元格等选项，最后单击【确定】按钮，即可选中工作表中所有符合规则的单元格或区域，如图 3-28 所示。

图 3-28　打开【定位条件】对话框

除了在选项卡中打开【定位条件】对话框，也可以按<Ctrl+G>组合键或是按 F5 键，在打开的【定位】对话框中，单击【定位条件】按钮，即可打开【定位条件】对话框，如图 3-29 所示。

图 3-29　使用组合键打开【定位条件】对话框

示例 3-1　快速删除工作表内的空行

素材所在位置：

光盘：\素材\第 3 章　工作表日常操作\示例 3-1　快速删除工作表内的空行.xlsx。

在图 3-30 所示的员工信息表中，包含不规则的空行，为了使工作表更加美观，需要将工作表内的空行进行批量删除。

首先选中 B1:F17 单元格区域，按 F5 键，在弹出的【定位】对话框中单击【定位条件】按钮，打开【定位条件】对话框。选择【空值】单选钮，单击【确定】按钮，选中数据区域中的全部空白单元格，如图 3-31 所示。

在活动单元格上单击鼠标右键，在弹出的快捷菜单中选择【删除】命令，将会弹出【删除】对话框。选择【整行】单选钮，最后单击【确定】按钮，所有包含空值的行将被全部删除，如图 3-32 所示。

图 3-30 删除员工信息表中的空行

图 3-31 定位空值

图 3-32 删除整行

示例结束

【定位条件】对话框中各选项的含义如表 3-1 所示。

表 3-1 　　　　　　　　　　　　【定位条件】对话框中各个选项的含义

选项	含义
批注	所有包含批注的单元格
常量	所有不含公式的非空单元格，可在【公式】下方的复选框中进一步筛选常量的数据类型，包括数字、文本、逻辑值和错误值
公式	所有包含公式的单元格。可在【公式】下方的复选框中进一步筛选常量的数据类型，包括数字、文本、逻辑值和错误值
空值	所有空单元格
当前区域	当前单元格周围矩形区域内的单元格，这个区域的范围由周围非空的行列所决定
当前数组	选中数组中的一个单元格，使用此定位条件可以选中这个数组的所有单元格
对象	当前工作表中的所有对象，包括图片、图表、自选图形和插入文件等
行内容差异单元格	选中区域中，每一行的数据均以活动单元格所在行作为此行的参照数据，横向比较数据，选中与参照数据不同的单元格

选项	含义
列内容差异单元格	选中区域中，每一列的数据均以活动单元格所在列作为此列的参照数据，纵向比较数据，选中与参照数据不同的单元格
引用单元格	当前单元格中公式引用到的所有单元格，可在【从属单元格】下方的复选框中进一步筛选引用的级别，包括【直属】和【所有级别】
最后一个的单元格	选择工作表中含有数据或格式的区域范围中最右下角的单元格
可见单元格	当前工作表选中区域中所有的单元格
条件格式	工作表中所有运用了条件格式的单元格。在【数据有效性】下方的选项组中可选择定位的范围，包括【相同】（与当前单元格使用相同的条件格式规则）或【全部】
数据有效性	工作表中所有运用了数据有效性的单元格。在【数据有效性】下方的选项组中可选择定位的范围，包括【相同】（与当前单元格使用相同的条件格式规则）或【全部】

3.3 工作窗口的视图控制

在使用 Excel 进行较为复杂的数据处理时，为了能够在有限的屏幕区域中显示更多信息，以便对表格内容进行查询和编辑，用户可以通过工作窗口的视图选项改变窗口显示状态。

3.3.1 工作簿的多窗口显示

1. 创建新窗口

在 Excel 工作窗口中打开多个工作簿时，通常每个工作簿只有一个独立的工作簿窗口，通过【视图】选项卡下的【新建窗口】按钮，可以为当前工作簿创建多个窗口。原有的工作簿窗口和新建的工作簿窗口都会相应的更改标题栏上的名称，在原有工作簿名称后面显示"：1"和"：2"等表示不同的窗口，如图 3-33 所示。

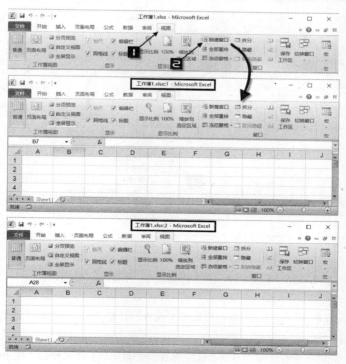

图 3-33　新建窗口

2. 窗口切换

在默认情况下，每一个工作簿窗口总是以最大化的形式出现在 Excel 工作窗口中，如果用户打开了多个工作簿，需要把其他工作簿窗口作为当前工作簿窗口，可以使用以下方式。

在【视图】选项卡上单击【切换窗口】下拉按钮，在下拉列表中显示了当前所有打开的工作簿窗口的名称，单击相应的名称项即可将其切换为当前工作簿，如图 3-34 所示。

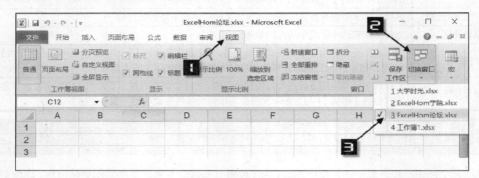

图 3-34　多窗口切换

除了通过菜单操作方式以外，在 Excel 工作窗口中按<Ctrl+F6>组合键或者<Ctrl+Tab>组合键，可以切换到上一个工作簿窗口。

3. 重排窗口

如果需要同时查看多个不同的工作簿内容，可以使用【重排窗口】命令。

在【视图】选项卡中单击【全部重排】按钮，在弹出的【重排窗口】对话框中选择一种排列方式，比如【平铺】，单击【确定】按钮，如图 3-35 所示。

图 3-35　重排窗口

此时，所有打开的工作簿会"平铺"显示在工作窗口中，如图 3-36 所示。

4. 并排比较

如果需要在两个同时显示的窗口中并排比较两个工作表，并要求两个窗口中的内容能够同步滚动浏览，可以使用【并排比较】功能。

【并排比较】是一种特殊的重排窗口方式，选中需要对比的某个工作簿窗口，在【视图】选项卡上单击【并排查看】按钮。此时，如果存在多个工作簿，将会弹出【并排比较】对话框，如图 3-37 所示。

图 3-36　平铺显示窗口

图 3-37　执行并排查看

在【并排比较】对话框中选择需要进行对比的目标工作簿，然后单击【确定】按钮，即可将两个工作簿窗口并排显示在 Excel 工作窗口中，如图 3-38 所示。当只有两个工作簿时，则直接显示"并排比较"后的状态。

当用户在其中一个窗口中滚动浏览内容时，另一个窗口也会随之同步滚动。通过【视图】选项卡上的【同步滚动】切换按钮，可以选择关闭自动同步窗口滚动的功能。

 注意

　　并排比较只能作用于两个工作簿窗口，无法作用于两个以上的工作簿窗口。并排比较的工作簿窗口，可以是同一个工作簿的不同窗口，也可以是两个不同的工作簿。

图 3-38　进行并排比较

3.3.2 | 拆分窗口

对于单个工作表而言，除了通过新建窗口的方式来显示工作表的不同位置之外，还可以通过拆分窗口的方法来显示。

将鼠标指针定位于 Excel 工作区域内，在【视图】选项卡中单击【拆分】按钮，就可将当前表格区域沿着当前激活单元格的左边框和上边框的方向拆分为 4 个窗格，如图 3-39 所示。

图 3-39　拆分窗格

 提示

根据鼠标指针定位位置的不同，比如定位整行或整列，拆分操作也可以将表格区域拆分为水平或者垂直的两个窗格。

每个拆分得到的窗格都是独立的，用户可以根据自己的需要使其显示不同位置的内容。

如需在窗口内去除某条拆分条，可在拆分条上双击鼠标左键。如需取消整个窗口的拆分状态，可在【视图】选项卡上再次单击【拆分】按钮进行状态切换。

3.3.3 冻结窗格

一张规范的数据表，通常第一行都是描述性的标题行，当数据量较大，向下滚动工作表查看数据时，标题行会被移出屏幕，对数据的查阅处理造成不便。

通过 Excel 的【冻结窗格】功能，可以固定标题行、列，使其始终可见。

1. 标题行（第一行）始终可见

在【视图】选项卡中依次单击【冻结窗格】→【冻结首行】，如图 3-40 所示。

图 3-40　冻结首行

2. 标题列（第一列）始终可见

在【视图】选项卡中依次单击【冻结窗格】→【冻结首列】即可。

3. 多行或者多列始终可见

如需标题行（第一行）和第一列（A 列）始终可见，首先将指针定位在 B2 单元格，然后在【视图】选项卡中依次单击【冻结窗格】→【冻结拆分窗格】命令，如图 3-41 所示。

图 3-41　使用冻结窗格功能查看标题行列

3.4 工作表打印

尽管无纸化办公已成为未来发展的一种趋势，但很多情况下，Excel 表格中的数据内容仍需要转换为纸质文件归类存档，打印输出依然是 Excel 表格的目标之一。

工作表打印

3.4.1 快速打印

如果需要快速打印电子表格，最简捷的方法是使用【快速打印】命令。这一命令位于【快速访问】工具栏中，但默认状态下并未显示。单击【快速访问工具栏】右侧的下拉箭头，在弹出的下拉列表中单击【快速打印】命令项，即可将其添加到【快速访问工具栏】，如图 3-42 所示。

所谓"快速打印"是指不需要用户进一步确认即直接将打印任务输出到打印机中。如果当前工作表没有进行过任何打印选项的设置，则 Excel 会自动以默认的打印方式对其进行处理。这些默认设置包括打印份数为一份、打印范围为当前工作表包含数据和格式的区域、无缩放和无页眉页脚等。

如果用户对打印设置进行了更改，则按用户的设置打印输出。

图 3-42　将【快速打印】添加到【快速访问工具栏】

3.4.2 打印预览

在最终打印前，用户可以通过【打印预览】来观察当前的打印设置是否符合要求。

在【文件】选项卡中单击【打印】命令，或按<Ctrl+P>组合键，打开打印窗口。在此菜单右侧显示为文档预览模式，如图 3-43 所示。

图 3-43　通过打印选项菜单进行打印预览

除此之外，在【视图】选项卡中单击【页面布局】按钮也可对文档进行预览，如图 3-44 所示。

图 3-44　通过页面布局进行预览

3.4.3　调整页面设置

如果需要对打印的打印方向、纸张大小和页眉页脚等进行设置，可以通过以下操作完成。首先在【页面
布局】选项卡中单击【打印标题】命令，将会弹出【页面设置】对话框，然后选择【页面】选项卡进行调整，
如图 3-45 所示。

图 3-45　【页面】选项卡

【方向】Excel 默认的打印方向为纵向打印，但对于行数较少但列数跨度较大的表格，使用横向打印的
效果更为理想。

【缩放】可以调整打印时的缩放比例，可调范围在 10%～400%。

【纸张大小】在此下拉列表中可选择纸张尺寸。可供选择的纸张尺寸与当前选中的打印机有关。

【打印质量】可以选择打印的精度。对于需要显示图片细节内容的情况可以选择高质量的打印方式。

【起始页码】默认设置为【自动】，即以数字 1 开始为页码标号，用户可在此文本框内填入需要打印的页码起始数字。

3.4.4 让每一页都打印出标题行

在实际工作中，当数据表中的数据较多时，不能在一页纸上将数据完全打印出来，而打印多页时又只有第一张的页面上有标题栏，给阅读者带来不便。如需每页都打印标题栏，可以按如下方法操作。

依次单击【页面布局】→【打印标题】命令，将会弹出【页面设置】对话框，单击【顶端标题行】编辑框右侧的折叠按钮，选取工作表标题区域，例如第一行，此时【顶端标题行】文本框会自动输入标题区域的单元格地 "$1:$1"，单击【确定】按钮完成设置，如图 3-46 所示。

图 3-46 设置顶端标题行

再次执行"打印预览"命令可以看到所有的打印页面均显示出标题行，如图 3-47 所示。

3.4.5 不打印图形等对象

素材所在位置

光盘：\素材\第 3 章 工作表日常操作\ 3.4.5 不打印图形等对象.xlsx。

对于一个图文混排的工作簿文件，默认情况下，执行"打印"命令后会是一个图文混排的打印效果，工作表中存在的图形会被打印出来，如图 3-48 所示。

如果不希望打印其中的图形或图片，可以按如下方法操作。

首先用鼠标右键单击相关图形等对象，在弹出的快捷菜单中单击【大小和属性】按钮，在【设置形状格式】对话框中单击【属性】选项卡，取消勾选【打印对象】复选框，最后单击【关闭】按钮，如图 3-49所示。

图 3-47 设置顶端标题行后的打印预览效果图

图 3-48 图文混排的打印效果

图 3-49 取消打印图形对象

此时执行打印预览时，工作表中的图形将不显示在打印页面上，如图 3-50 所示。

图 3-50 取消打印图形对象前后对比

43

3.4.6 不打印工作表中的错误值

素材所在位置：

光盘：\素材\第 3 章 工作表日常操作\ 3.4.6 不打印工作表中的错误值等.xlsx。

当用户在数据表中使用函数公式时，出于各种原因可能会出现错误值，如"#/N/A"和"#DIV/O!"等。如果不希望将错误值打印出来，可以按如下方法操作。

依次单击【页面布局】→【打印标题】命令，在弹出的【页面设置】对话框中选择【工作表】选项卡，单击【错误单元格打印为】组合框，选择要将"错误值"替换打印的字符，如"<空白>"，最后单击【确定】按钮完成设置，如图 3-51 所示。

图 3-51　不打印错误值的设置

此时工作表中的错误值将不再被打印，而显示为空白，如图 3-52 所示。

图 3-52　将错误值打印为空白

提示

在【页面布局】选项卡中的【工作表】命令组中，也可以进行不打印网格线、打印行号列标和打印批注等设置。

3.4.7 | 单色打印

素材所在位置：

光盘：\素材\第 3 章 工作表日常操作\ 3.4.7 单色打印.xlsx。

有时为了标识数据表中的某些特殊数据，用户会将这些数据的单元格填充背景色或改变字体的颜色等，如图 3-53 所示。

虽然这些标识有利于制表者区分其特殊性，但如果将这样的表格打印出来，会影响阅读体验。此时可以使用"单色打印"功能，不将这些标识打印出来。

在【页面布局】选项卡中单击【打印标题】命令，在弹出的【页面设置】对话框中选择【工作表】选项卡，勾选【单色打印】复选框，最后单击【确定】按钮完成设置，如图 3-54 所示。

	A	B	C	D	E	F
1	姓名	语文	数学	英语	历史	地理
2	杨玉兰	6	6	81	2	60
3	龚成琴	145	50	26	62	104
4	王莹芬	145	118	29	4	129
5	石化昆	141	14	55	17	118
6	班虎忠	49	54	149	56	67
7	補态福	126	115	79	13	89
8	王天艳	146	102	104	74	104
9	安德运	65	147	74	123	88
10	岑仕美	65	143	20	65	4
11	杨再发	134	81	143	97	13
12						

图 3-53 标识特殊数据的数据表

图 3-54 单色打印设置

此时单元格标识的颜色将不再被打印，如图 3-55 所示。

图 3-55 设置单色打印前后对比

3.4.8 | 一次打印多个工作表

当需要打印一个工作簿中的多个工作表时，可以使用以下操作方式。

首先，选择需要打印的工作表。如果需要打印的工作表是位置连续的工作表，则先选择最左侧的工作表，然后按<Shift>键，再选择需要选择的工作表中最右侧的工作表，此时就可以选取需要打印的多个工作表。如果需要打印的工作表位置不连续，可以按住<Ctrl>键，然后依次单击需要打印的工作表。

再依次单击【文件】→【打印】，转到打印窗口，单击【打印】按钮。即可完成一次性打印多张工作表，如图 3-56 所示。

图 3-56　打印多张工作表的设置

另外，如果需要打印整个工作簿的所有工作表，可以在打印窗口中单击【设置】下拉按钮，在弹出的下拉列表框中选择【打印整个工作簿】命令，最后单击【打印】按钮即可。

在打印窗口中，也可以进行设置打印机、指定打印份数和设置打印页数范围等操作。

 习题3

1. 在 Excel 工作表中，由横线所分隔出来的区域被称为（＿＿＿），由竖线分隔出来的区域被称为（＿＿＿），而行列互相交叉所形成的一个个格子，则被称为（＿＿＿）。

2. 以下说法正确的是：（＿＿＿）。

　A. 非连续的区域可以同时执行剪切操作

　B. 非连续的区域可以同时执行复制操作

3. 如果需要选取不连续的多个单元格区域，需要按住键盘上的（＿＿＿）键，再依次选取目标区域。

4. 快速在一个工作簿中的任意 3 个工作表的 A1 单元格内，输入数据"中国蓝"。

5. 将【快速打印】按钮添加到【快速访问工具栏】。

6. 通过打印设置，在【打印预览】中将每一页都显示顶端标题行。

第4章

数据格式化

在工作表中输入基础数据后，还需要对工作表进行必要的美化，Excel 中包含丰富的格式化命令和方法，利用这些命令和方法，能够对工作表布局和数据进行格式化，使得表格更加美观，数据更加清晰易于阅读。

4.1 数字格式化

素材所在位置：

光盘：\素材\第 4 章 数据格式化\ 4.1 数字格式.xlsx。

为了提高数据的可读性，Excel 提供了多种对数字格式化的功能，可以根据数据的表达和意义来调整外观，以完成准确的展示效果。

例如，图 4-1 所示的表格中，A 列是原始数据，B 列是格式化后的数据，设置恰当的数字格式可以提高数据的可读性。

	A	B	C
1	原始数据	格式化后显示	格式类型
2	42622	2016年9月9日	日期
3	-16580.2586	-16580.26	数值
4	0.505648149	12:08 PM	时间
5	0.0456	4.56%	百分比
6	0.6125	49/80	分数
7	5431231.35	¥5,431,231.35	货币
8	12345	壹万贰仟叁佰肆拾伍	特殊-中文大写
9	226	2米26	自定义（身高）
10	271180	27.1万	自定义（以万为单位）
11	三	第三生产线	自定义（部门）

图 4-1　设置数字格式提高数据可读性

注意

设置数字格式虽然改变了数据的显示外观，但并没有改变数据类型，也不会影响数据的实际值。

4.1.1 | 快速应用数字格式

如果需要快速设置恰当的数字格式，通常有 3 种方法，分别是使用功能区命令、设置单元格格式以及应用快捷键。

1. 使用功能区命令

在 Excel 的【开始】选项卡下的【数字】命令组中，单击【数字格式】下拉按钮，可以在下拉菜单中选择 11 种数字格式，如图 4-2 所示。

另外，在【数字】命令组中，Excel 还预置了 5 个常用的数字格式按钮，包括【会计专用格式】、【百分比样式】、【千位分隔样式】、【增加小数位数】和【减少小数位数】，如图 4-3 所示。

2. 使用【设置单元格格式】对话框应用数字格式

用鼠标选取需要设置格式的数据区域，按<Ctrl+1>组合键，或者单击鼠标右键，在弹出的快捷菜单中单击【设置单元格格式】命令，将会打开【设置单元格格式】对话框。在【数字】选项卡的"分类"列表中，可以设置更多的数字格式，如图 4-4 所示。

图 4-2　【数字】命令组下拉列表

会计专用格式及其下拉选项

数字格式下拉列表

减少小数位数

增加小数位数

千位分隔样式

百分比样式

图 4-3 【数字】命令组各按钮功能

图 4-4 【设置单元格格式】对话框

3. 使用组合键应用数字格式

通过键盘上的组合键也可以快速地对目标单元格和区域设定数字格式，如表 4-1 所示。

表 4-1　　　　　　　　　　　　　　设置数字格式的快捷键

组合键	作用
Ctrl+Shift+~	设置为常规格式，即默认格式
Ctrl+Shift+%	设置为百分数格式，无小数部分
Ctrl+Shift+^	设置为科学记数法格式，含两位小数
Ctrl+Shift+#	设置为短日期格式
Ctrl+Shift+@	设置为时间格式，包含小时和分钟显示
Ctrl+Shift+!	设置为千位分隔符显示格式，不带小数

4.1.2 Excel 内置的数字格式

Excel 内置的数字格式种类十分丰富，在【设置单元格格式】对话框的【数字】选项卡下选中其中一种格式类型后，对话框中右侧会显示相应的设置选项，根据用户所做的选择将预览效果显示在"示例"区域中。

示例 4-1　通过【设置单元格格式】对话框设置数字格式

素材所在位置：

光盘：\素材\第 4 章 数据格式化\示例 4-1 通过【设置单元格格式】对话框为数值设置数字格式.xlsx。

如果要将图 4-5 所示的表格中的数值设置为人民币格式，且显示两位小数，负数显示为带括号的红色字体，可按以下步骤操作。

首先选中 A2:A8 单元格区域，按<Ctrl+1>组合键打开【设置单元格格式】对话框，单击【数字】选项卡，在【分类】列表框中选择"货币"，然后在对话框右侧的【小数位数】微调框中设置数值为"2"，在【货币符号】下拉列表中选择"￥"，最后在【负数】下拉列表中选择带括号的红色字体样式，最后单击【确定】按钮，如图 4-6 所示。

图 4-5　待格式化的数值

图 4-6　设置货币格式

示例结束

在【设置单元格格式】对话框中，不同数字格式的详细解释如表 4-2 所示。

表 4-2　　　　　　　　　　　各类数字类型的特点和用途

数字格式类型	特点与用途
常规	数据的默认格式，即未进行任何特殊设置的格式
数值	可以设置小数位数，选择是否添加千位分隔符，负数可以设置特殊样式（包括显示负号、显示括号和红色字体等几种样式）
货币	可以设置小数位数、货币符号，负数可以设置特殊样式（包括显示负号、显示括号、红色字体等几种样式）。数字显示自动包含千位分隔符
会计专用	可以设置小数位数、货币符号，数字显示自动包含千位分隔符。与货币格式不同的是，本格式将货币符号置于单元格最左侧进行显示
日期	可以选择多种日期显示模式，其中包括同时显示日期和时间的模式
时间	可以选择多种时间显示模式
百分比	可以选择小数位数。数字以百分数形式显示
分数	可以设置多种分数显示模式，包括显示一位数分母、两位数分母等
科学记数	以包含指数符号（E）的科学记数形式显示数字，可以设置显示的小数位数

续表

数字格式类型	特点与用途
文本	将数值作为文本处理
特殊	包含了几种以系统区域设置为基础的特殊格式。在区域设置为"中文（中国）"的情况下，包含了 3 种中国特有的数字格式：邮政编码、中文小写数字和中文大写数字
自定义	允许用户自定义格式

4.1.3 自定义数字格式

数字格式中的"自定义"类型包含了多种数字格式，并且允许用户创建自定义的数字格式。

自定义数字格式

1. 内置的自定义格式

在【设置单元格格式】对话框的【分类】列表中选择【自定义】类型，在对话框的右侧会显示活动单元格的数字格式代码，如图 4-7 所示。

图 4-7　内置的自定义格式代码

通过这样的操作方式，用户可以了解现有数字格式代码的编写方式，并可据此设置符合自己需求的数字格式代码。自定义的格式代码可以在不需要时删除，而内置的格式代码则不允许被删除。

2. 创建新的数字格式

自定义格式的完整代码如下。

正数;负数;零值;文本

以半角分号";"间隔的 4 个区段构成了一个完整结构的自定义格式代码，每个区段中的代码对不同类型的内容起作用。例如，在第 1 区段"正数"中的代码只会在单元格中的数据为正数时起作用，而第 4 区段"文本"中的代码只会在单元格中的数据为文本时才起作用。

示例 4-2　设置 4 个区段的数字格式

素材所在位置：

光盘：\素材\第 4 章 数据格式化\示例 4-2 设置 4 个区段的数字格式.xlsx。

如需设置 4 个区段的数字格式，即正数显示为"盈利"+数字、负数显示为"亏损"+数字、零值不显示、文本显示为"ERR！"。格式代码可设置如下。

　　盈利 G/通用格式；亏损 G/通用格式；；"ERR！"

　　格式代码分为 4 个区段，分别对应"正数;负数;零值;文本"。其中"G/通用格式"表示按常规格式显示，"盈利"作为格式前缀，数值为正数时，在数字前显示"盈利"字样。第 3 区段为空，表示零值不显示。第 4 区段"ERR！"表示只要是文本就显示为"ERR！"。效果如图 4-8 所示。

	A	B
1	原始数值	显示为
2	97233.1	盈利97233.1
3	0	
4	-500.23	亏损500.23
5	未统计	ERR!
6	-29151.93	亏损29151.93
7	0	
8	8123.08	盈利8123.08
9		

图 4-8　正数、负数、零值、文本不同显示方式

- - - - - - - - - - - - - - - - -
示例结束
- - - - - - - - - - - - - - - - -

　　在实际应用中，用户不必每次都严格按照 4 个区段的结构来编写格式代码，表 4-3 列出了少于 4 个区段的代码结构含义。

表 4-3　　　　　　　　　　少于 4 个区段的自定义代码结构含义

区段数	代码结构含义
1	格式代码作用于所有类型的数值
2	第 1 区段作用于正数和零值，第 2 区段作用于负数
3	第 1 区段作用于正数，第 2 区段作用于负数，第 3 区段作用于零值

- - - - - - - - - - - - - - - - -
示例 4-3　设置数值以万为单位显示
- - - - - - - - - - - - - - - - -

素材所在位置：

光盘：\素材\第 4 章 数据格式化\示例 4-3 设置数值以万为单位显示.xlsx。

　　在部分英语国家中，习惯以"千"作为数值单位，千位分隔符就是其中的一种表现形式。而在中文环境中，常以"万"作为数值单位。如果需要设置数值以"万"为单位显示，格式代码可设置为如下样式。

　　0!.0,

　　代码利用自定义的"小数点"将原数值缩小万分之一显示。在数学上，数值缩小万分之一后，原数值小数点需要向左移 4 位，利用添加自定义的"小数点"则可以将数值显示为缩小后的效果。实际上，这里的小数点并非真实意义上的小数点，而是用户自己创建的一个符号。

　　为了和真正的小数点进行区别，需要在"."之前加上"！"或者"\"，表示后面"小数点"的字符性质。代码末尾的"0,"表示被缩去的 4 位数字，其中"，"代表千位分隔符。缩去的 4 位数字只显示千位所在数字，其余部分四舍五入进位到千位显示。

　　该格式代码只有一个区段，将作用于所有类型的数值，如图 4-9 所示。

	A	B
1	原始数据	显示为
2	-6521813.14	-652.2
3	4965228.26	496.5
4	8056733.29	805.7
5	807879.26	80.8
6	0	0.0
7	8282247.13	828.2
8	-3205489.13	-320.5
9	7930636.08	793.1
10	6983134.87	698.3
11	3809479.78	380.9
12		

图 4-9　数值以万为单位显示

- - - - - - - - - - - - - - - - -
示例结束
- - - - - - - - - - - - - - - - -

　　除了以数值正负作为格式区段分隔依据以外，用户也可以为区段设置自己所需的特定条件，具体设置如下。

　　大于条件值;小于条件值;等于条件值;文本

　　对于包含条件值的格式代码，区段可以少于 4 个，但最少不能少于两个。相关的代码结构含义如表 4-4 所示。

表 4-4　　　　　　　　少于 4 个区段的包含条件值格式代码结构含义

区段数	代码结构含义
2	第 1 区段作用于满足数值，第 2 区段作用于其他情况
3	第 1 区段作用于满足条件值 1，第 2 区段作用于满足条件值 2，第 3 区段作用于其他情况

素材所在位置：

光盘：\素材\第 4 章 数据格式化\示例 4-4 简化输入操作.xlsx。

在某些情况下，使用带有条件判断的自定义格式可以简化用户的输入操作，起到类似"自动更正"功能的效果。例如，用数字 0 和 1 分别代替"×"和"√"的输入，格式代码设置如下。

`[=1]"√";[=0]"×";;`

当用户输入"1"时，Excel 自动以"√"显示；输入"0"时，自动以"×"显示。如果输入的数值既不是"1"，也不是"0"，则不显示，如图 4-10 所示。

图 4-10　用数字 0 和 1 代替"×"、"√"的输入

3. 日期和自定义格式

日期和时间类型的数据比较常见，不同的报表也会要求使用不同的格式，Excel 为此提供了丰富的格式代码。常用格式代码如表 4-5 所示。

表 4-5　　　　　　　　　　与日期时间格式相关的常用代码符号

日期时间代码符	日期时间代码符号含义及作用
aaa	使用中文简称显示星期几（一～日）
aaaa	使用中文全称显示星期几（星期一～星期日）
d	使用没有前导零的数字来显示日期（1～31）
dd	使用有前导零的数字来显示日期（01～31）
ddd	使用英文缩写显示星期几（Sun～Sat）
dddd	使用英文全拼显示星期几（Sunday～Saturday）
m	使用没有前导零的数字来显示月份或分钟（1～12）或（0～59）
mm	使用有前导零的数字来显示月份或分钟（01～12）或（00～59）
mmm	使用英文缩写显示月份（Jan～Dec）
mmmm	使用英文全拼显示月份（January～December）
yy	使用两位数字显示公历年份（00～99）
yyyy	使用四位数字显示公历年份（1900～9999）
h	使用没有前导零的数字来显示小时（0～23）
hh	使用有前导零的数字来显示小时（00～23）
s	使用没有前导零的数字来显示秒钟（0～59）
ss	使用有前导零的数字来显示秒钟（00～59）
[h]、[m]、[s]	显示超出进制的小时数、分数、秒数
AM/PM	使用英文上下午显示 12 进制时间

素材所在位置：

光盘：\素材\第 4 章 数据格式化\示例 4-5 多种方式显示日期.xlsx。

以下为部分适用于日期数据显示的格式代码。

`yyyy"年"m"月"d"日" aaaa`

以中文"年月日"以及"星期"来显示日期。

`[DBNum1]yyyy"年"m"月"d"日"aaaa`

以中文小写数字形式来显示日期中的数值。

`yyyy.m.d`

以"."号分隔符为间隔的日期显示。

`"今天"aaaa`

仅显示星期几，前面加上文本前缀，适合于某些动态日历的文字和显示。

以上自定义格式效果如图 4-11 所示。

	A	B	C
1	原始数据	显示为	格式代码
2	2017/2/6	2017年2月6日 星期一	yyyy"年"m"月"d"日" aaaa
3	2018/12/18	2018年12月18日 星期二	yyyy"年"m"月"d"日" aaaa
4	2017/2/17	二〇一七年二月十七日星期五	[DBNum1]yyyy"年"m"月"d"日"aaaa
5	2019/7/12	二〇一九年七月十二日星期五	[DBNum1]yyyy"年"m"月"d"日"aaaa
6	2019/7/10	2019.7.10	yyyy.m.d
7	2020/1/1	2020.1.1	yyyy.m.d
8	2020/5/18	今天星期一	"今天"aaaa
9	2019/4/19	今天星期五	"今天"aaaa
10			

图 4-11　多种方式显示日期

示例结束

4.1.4　将数字格式转化为实际值

应用自定义格式的单元格只改变显示方式，并不会改变其本身的内容。使用剪贴板的方法，可以将自定义格式转换为单元格中的实际值。

自定义格式转换为
单元格中的实际值

示例 4-6　自定义格式转换为单元格中的实际值

素材所在位置：

光盘：\素材\第 4 章 数据格式化\示例 4-6 自定义格式转换为单元格中的实际值.xlsx。

图 4-12 所示的信息表中，为了简化输入，A 列中的部门名称使用了自定义格式"盛泰实业@"，需要将这些自定义格式的显示效果转换为单元格中的实际值。

图 4-12　自定义格式

步骤 1　选中 A1:A8 单元格区域，按<Ctrl+C>复制。

步骤 2　在【开始】选项卡下，单击【剪贴板】命令组右下角的【对话框启动器】按钮，打开剪贴板任务窗格，如图 4-13 所示。

步骤 3　单击剪贴板中已复制的项目，将剪贴板中的内容粘贴到 A1:A8 单元格区域，如图 4-14 所示。

步骤 4　保持 A1:A8 单元格区域的选中状态，依次单击【开始】→【数字格式】下拉按钮，在格式列表中选择【常规】。最后关闭剪贴板窗格，如图 4-15 所示。

图 4-13 打开剪贴板

图 4-14 粘贴项目

图 4-15 设置为常规格式

示例结束

4.2 单元格样式

单元格样式是指一组特定单元格格式的组合。使用单元格样式可以快速对应用相同样式的单元格或单元格区域进行格式化，从而提高工作效率并使工作表格式规范统一。

4.2.1 应用内置样式

Excel 2010 预置了一些典型的单元格样式，用户可以直接套用这些样式来快速设置单元格格式。

选中需要设置样式的单元格或单元格区域，在【开始】选项卡中单击【单元格样式】按钮，将会弹出单元格样式列表库。将鼠标移至列表库中的某个样式，选中的单元格会显示应用此样式的效果，选中合适的样式后，单击鼠标左键即可应用此样式，如图 4-16 所示。

如果用户希望修改某个内置的样式，可以选中该项样式，单击鼠标右键，在弹出的快捷菜单中单击【修改】命令。在打开的【样式】对话框中，根据需要对相应样式的"数字""对齐""字体""边框""填充"和"保护"等单元格格式进行修改，如图 4-17 所示。

图 4-16　为当前单元格区域应用样式

图 4-17　修改内置样式

4.2.2 创建新样式

当内置样式不能满足用户需要时，还可以创建自定义的单元格样式，操作步骤如下。

步骤 1　在【开始】选项卡中单击【单元格样式】按钮，在弹出的样式库中单击【新建单元格样式】命令，打开【样式】对话框。

步骤 2　在【样式】对话框中的【样式名】文本框中输入样式的名称，例如"我的样式"，单击【格式】按钮，打开【设置单元格格式】对话框，按自己的需求进行单元格格式设置后单击【确定】按钮，最后单击【样式】对话框中的【确定】按钮，如图 4-18 所示。

图 4-18　创建自定义样式

新创建的自定义样式将会显示在样式库上方的【自定义】样式区，如图 4-19 所示。

图 4-19　样式库中的自定义样式

4.2.3 共享自定义样式

用户创建的自定义样式只能在当前工作簿中使用，如果希望在其他工作簿中实现共享，可以使用合并样式来实现。

打开含有样式的源工作簿（如"样式模板.xlsx"）以及需要合并样式的目标工作簿。在目标工作簿的【开始】选项卡中单击【单元格样式】按钮调出【合并样式】对话框。在弹出的【合并样式】对话框中选中包含自定义样式的工作簿名称（如"样式模板.xlsx"），然后单击【确定】按钮，如图 4-20 所示。

图 4-20　合并样式

设置完成后，Excel 即可将自定义样式从所选工作簿复制到目标工作簿。

4.3 【表格】样式

Excel 的"表格"是包含结构化数据的矩形区域，它能够使一些常见的计算任务变得更加简单，外观也显得更加友好。

4.3.1 创建【表格】

选中数据区域内的任一单元格，在【插入】选项卡中单击【表格】命令，在弹出的【创建表】对话框中勾选【表包含标题】复选框，最后单击【确定】按钮，如图 4-21 所示。

提示

除了使用菜单操作，单击数据列表中的任意单元格，按<Ctrl+T>或<Ctrl+L>组合键也可以调出【创建表】对话框

如果需要将"表格"转换为普通的数据区域，可以单击选中"表格"中的任意单元格，在【设计】选项卡中单击【转换为区域】按钮即可，如图 4-22 所示。

图 4-21 将数据区域转化为"表格"

图 4-22 将"表格"转换为区域

4.3.2 使用"套用表格格式"功能

如果用户对系统默认的"表格"的表格格式不满意，可以套用 Excel 内置的表格样式。

单击"表格"中的任意单元格，在【表格工具】的【设计】选项卡中单击【表格样式】下拉按钮，在弹出的样式库中选择目标样式，如图 4-23 所示。

图 4-23　自动套用表格格式

4.4　应用文档主题

　　主题是一组格式选项组合，包含主题颜色、主题字体和主题效果，通过应用文档主题，可以使文档快速具有专业统一的外观。

　　选中数据表中的任意单元格，在【页面布局】选项卡中单击【主题】命令，在展开的主题库中会出现多种内置的主题选项。当鼠标指针移动到不同的选项上时，活动工作表中将显示出相关的主题，确定目标主题后，单击即可将此主题应用到工作簿中的所有工作表。

　　另外，还可以通过更改文档主题的颜色、字体，以满足用户个性化的需求。

　　在【页面布局】选项卡中单击【字体】按钮，在弹出的扩展菜单中单击【新建主题字体】命令，在【新建主题字体】对话框中进行相应的设置后，单击【保存】按钮即可完成字体修改，如图 4-24 所示。

图 4-24　新建主题字体

　　主题颜色的修改和主题字体的修改类似，在【新建主题颜色】对话框中，用户可以自定义一组颜色。在自定义不同颜色时候，对话框中的预览示例会实时更新。

如果需要将自定义的主题应用于更多工作簿，可以将当前的主题保存为主题文件，如图 4-25 所示，在【页面布局】选项卡下单击【主题】下拉按钮，在弹出的主题列表底部单击【保存当前主题】按钮，将会弹出【保存当前主题】对话框，在文件名编辑框输入"我的主题"，单击【保存】按钮。

在新工作簿中，单击【页面布局】选项卡下的【主题】下拉按钮，在弹出的主题列表中，单击选择自定义的主题，即可将该主题应用到新工作簿中，如图 4-26 所示。

图 4-25 保存当前主题　　　　　　　　图 4-26 应用自定义主题

习题4

1. 设置数字格式，可以使用（　　　）、（　　　）及（　　　）3 种方法。

2. 自定义格式代码可以分为 4 个区段，分别对应（　　　）、（　　　）、（　　　）和（　　　）。

3. 主题是一组格式选项组合，包含（　　　）、（　　　）和（　　　），通过应用文档主题，可以使文档快速具有专业统一的外观。

4. 如果需要将"表格"转换为普通的数据区域，可以单击选中"表格"中的任意单元格，在（　　　）选项卡中单击（　　　）按钮。

第 5 章

数据整理

　　本章主要介绍数据整理过程中常用的技巧，例如查找与替换、选择性粘贴、分列以及删除重复项等，掌握这些技巧有助于对数据进行快速整理，更便于后续的汇总计算。

5.1 查找与替换功能

查找与替换是一项常用的功能，它可以在一份数据表中根据某些内容特征快速查找到对应的数据并进行相应的处理。

5.1.1 利用查找功能快速查询数据

Excel 中的查找功能可以帮助用户在工作表中快速查询数据。依次单击【开始】→【查找和选择】下拉按钮，在下拉菜单中单击【查找】按钮，或是按<Ctrl+F>组合键调出【查找和替换】对话框，并自动切换到【查找】选项卡。在【查找内容】编辑框中输入要查询的内容，单击【查找下一个】按钮，可快速定位到查询数据所在的单元格，如图 5-1 所示。

图 5-1 查找和替换对话框

如果在【查找和替换】对话框中单击【查找全部】按钮，会在对话框下方显示出所有符合条件的列表，单击其中一项，可定位到该数据所在的单元格，如图 5-2 所示。

图 5-2 查找全部

单击【查找和替换】对话框中的【选项】按钮，能够展开更多与查找有关的选项，除了可以选择区分大小写、单元格匹配和区分全/半角等，还可以选择范围、搜索顺序和查找的类型等，如图 5-3 所示。

图 5-3　更多查找选项

如果勾选了"区分大小写"复选框，在查找字符串"Excel"时，不会在结果中出现内容为"excel"的单元格。

如果勾选了"单元格匹配"复选框，在查找字符串"Excel"时，不会在结果中出现内容为"ExcelHome"的单元格。

如果勾选了"区分全/半角"复选框，在查找字符串"Excel"时，不会在结果中出现内容为"Ｅｘｃｅｌ"的单元格。

除了以上选项外，还可以单击【查找和替换】对话框中的【格式】下拉按钮，在下拉菜单中单击【格式】按钮，对查找对象的格式进行设定。或是单击【从单元格选择格式】按钮，以现有单元格的格式作为查找条件，在查找时将只返回包含特定格式的单元格，如图 5-4 所示。

图 5-4　查找指定格式的内容

5.1.2　使用替换功能快速更改数据内容

使用替换功能，可以快速更改表格中符合指定条件的内容。依次单击【开始】→【查找和选择】下拉按钮，在下拉菜单中单击【替换】按钮，或是按<Ctrl+H>组合键调出【查找和替换】对话框，并自动切换到【替换】选项卡。在【查找内容】编辑框中输入要查询的内容，在【替换为】编辑框中输入要替换的内容，单击【全部替换】按钮，可快速将所有符合查找条件的单元格快速替换为指定的内容，如图 5-5 所示。

图 5-5　替换对话框

与查找功能类似，替换功能也有多种选项供用户选择，并且可以指定查找内容和替换内容的格式，如图 5-6 所示。

图 5-6　丰富的替换选项

5.1.3　使用通配符实现模糊查找

Excel 支持的通配符包括星号"*"和半角问号"?"，星号"*"可替代任意数目的字符，半角问号"?"可替代任意单个字符。

使用包含通配符的模糊查找方式，可以完成更为复杂的查找需求。

例如，要查找以字母"E"开头，并且以字母"l"结尾的内容，可以在【查找内容】编辑框中输入"E*l"，此时表格中包含"Excel""Email"和"Eternal"等单词的单元格都会被查找到。假如需要查找以"E"开头、以"l"结尾的 5 个字母的单词，则可以在【查找内容】编辑框中输入"E???l"，3 个问号"?"表示任意 3 个字符，此时的查找结果就会在以上 3 个单词中仅返回"Excel"和"Email"。

提示

如果要查找星号"*"和半角问号"?"本身，而不是它代表的通配符，则需要在字符前加上波浪线符号"～"，例如"～*"。如果要查找字符"～"，需要使用两个连续的波浪线"～～"表示。

示例 5-1　使用通配符整理数据

素材所在位置：

光盘：\素材\第 5 章 数据整理\示例 5-1 使用通配符整理数据.xlsx。

图 5-7 所示为某班的学生名单表，B 列的部分学生姓名后包含特长等信息，现在需要清除括号和括号内的内容。

图 5-7　使用通配符整理数据

选中 B2:B8 单元格区域，按<Ctlr+H>组合键打开【查找和替换】对话框，在【查找内容】编辑框中输入"(*"，单击【全部替换】按钮即可，如图 5-8 所示。

图 5-8　替换对话框

5.2　选择性粘贴

"选择性粘贴"包含了多种粘贴选项，用户可以根据实际需求选择多种不同的粘贴方式。以下 2 种操作方式可以打开【选择性粘贴】对话框。

方法 1　在目标单元格中单击鼠标右键，在弹出的快捷菜单中选择【选择性粘贴】命令。

方法 2　在【开始】选项卡中依次单击【粘贴】→【选择性粘贴】命令，如图 5-9 所示。

选择性粘贴

将会弹出【选择性粘贴】对话框，如图 5-10 所示。

图 5-9　打开选择性粘贴对话框

图 5-10　【选择性粘贴】对话框 1

提示

如果需要打开【选择性粘贴】对话框，首先需要执行复制操作（使用剪切方式无法使用选择性粘贴功能）。

如果复制的数据来源于其他程序，例如记事本，Excel 会打开另一种样式的【选择性粘贴】对话框，如图 5-11 所示。根据用户复制数据类型的不同，在对话框的【方式】列表框中会显示不同的粘贴方式以供选择。

图 5-11 【选择性粘贴】对话框 2

5.2.1 粘贴选项

【选择性粘贴】对话框中各个粘贴选项的具体含义如表 5-1 所示。

表 5-1 　　　　　　　　　【选择性粘贴】对话框中各粘贴选项的含义

选项	含义
全部	粘贴源单元格及区域的全部复制内容，即默认的常规粘贴方式
公式	粘贴所有数据（包含公式），不保留格式、批注等内容
数值	粘贴数值、文本及公式运算结果，不保留公式、格式、批注和数据验证等内容
格式	只粘贴单元格和区域的所有格式（包括条件格式）
批注	只粘贴批注，不保留其他任何数据内容和格式
有效性验证	只粘贴单元格和区域的数据有效性设置
所有使用源主题的单元	粘贴所有内容，并且使用源区域的主题。一般在跨工作簿复制数据时，如果两个工作簿使用的主题不同时使用
边框除外	粘贴源单元格和区域除了边框以外的所有内容
列宽	仅将粘贴目标单元格区域的列宽设置为与源单元格列宽相同
公式和数字格式	只粘贴源单元格及区域的公式和数字格式
值和数字格式	粘贴源单元格及区域中所有的数值和数字格式，但不保留公式

5.2.2 运算功能

在图 5-10 所示的【选择性粘贴】对话框中，【运算】区域包含了【加】、【减】、【乘】和【除】等选项按钮，可以在粘贴的同时完成简单的数学运算。

示例 5-2　快速将数值缩小 10 000 倍

素材所在位置：

光盘：\素材\第 5 章 数据整理\示例 5-2 快速将数值缩小 10 000 倍.xlsx。

如图 5-12 所示，B2:B6 单元格区域的金额计量单位为元，需要改为万元显示。复制 D2 单元格的数值"10 000"后，用鼠标选中 B2:B6 单元格区域，单击鼠标右键，在弹出的快捷菜单中选择【选择性粘贴】命令，将会弹出【选择性粘贴】对话框。单击【运算】区域的【除】，即可快速将目标区域数值缩小万分之一。

图 5-12　快速将数值缩小 10 000 倍

5.2.3　跳过空单元格

　　【选择性粘贴】对话框中的【跳过空单元（格）】选项，可以防止用户使用包含空单元格的源数据区域粘贴覆盖目标区域中的单元格内容。例如，用户选中并复制的当前区域第一行为空行，当粘贴到目标区域时，使用【跳过空单元（格）】选项，则会自动跳过第一行，而不会覆盖目标区域第一行中的数据。

5.2.4　转置

　　素材所在位置：
　　光盘：\素材\第 5 章　数据整理\ 5.2.4 选择性粘贴转置.xlsx。

　　使用【选择性粘贴】对话框中的【转置】选项，可以将源数据区域的行列相对位置互换后粘贴到目标区域。

　　如图 5-13 所示，A1:B6 是 6 行 2 列的单元格区域，在进行行列转置粘贴后，目标区域转变为 D1:I2，即 2 行 6 列的单元格区域。

图 5-13　转置粘贴示意

5.2.5　粘贴链接

　　使用【选择性粘贴】的【粘贴链接】功能，在进行复制粘贴时，将自动生成引用数据源区域的公式。如果数据源发生变化，粘贴区域中的数据会实时更新。

5.3　分列功能

分列功能

　　Excel 中的分列功能可以根据分隔符号或固定宽度将目标列数据拆分成多列，也可以一次性转换目标列的数据类型。

5.3.1 按"分隔符号"提取目标字段

素材所在位置：

光盘：\素材\第 5 章 数据整理\ 5.3.1 按"分隔符号"提取目标字段.xlsx。

如图 5-14 所示，A 列数据包含姓名、所在学校和成绩 3 种信息，各信息之间以空格为间隔。现在需要从中提取出姓名和成绩信息，具体操作步骤如下。

图 5-14　利用【分列】提取目标字段

步骤1　单击 A 列列标，在【数据】选项卡下单击【分列】按钮，在弹出的【文本分列向导-第 1 步，共 3 步】对话框中选择【分隔符号】选项，单击【下一步】按钮，如图 5-15 所示。

图 5-15　分列文本向导第 1 步

步骤2　在【文本分列向导-第 2 步，共 3 步】对话框的【分隔符号】列表框中，勾选【空格】复选框，单击【下一步】按钮，如图 5-16 所示。

步骤3　在弹出的【文本分列向导-第 3 步，共 3 步】对话框的【数据预览】区域中，先单击选中第 2 列，选择【不导入此列（跳过）】选项，跳过第 2 列数据。在【目标区域】编辑框中输入"=$B$1"，单击【完成】按钮关闭对话框，如图 5-17 所示。

图 5-16　分列文本向导第 2 步

图 5-17　分列文本向导第 3 步

此时得到 B 列和 C 列数据，为其设置相应的格式即可。

5.3.2　快速将文本型数字转换为数值型数据

文本型数字是 Excel 中一种比较特殊的数据类型，它的内容是数值，但作为文本类型进行存储，具有和文本类型数据相同的特征。一般情况下，文本型数字所在单元格的左上角会显示绿色三角形符号。由于文本型数字无法直接应用于统计运算，通常需要将其转换为数值型数据。

示例 5-3　文本型数字转换为数值

素材所在位置：

光盘：\素材\第 5 章 数据整理\示例 5-3 文本型数字转换为数值.xlsx。

如图 5-18 所示，需要将 A2:A11 单元格区域中的文本型数字转换为数值型数据，可以按以下步骤操作。

单击 A 列列标，再依次单击【数据】→【分列】按钮，在弹出的【文本分列向导-第 1 步，共 3 步】对话框中，直接单击【完成】按钮，关闭对话框即可。

图 5-18　文本型数字转换为数值型数据

示例结束

5.3.3 转换日期数据

素材所在位置：

光盘：\素材\第 5 章 数据整理\ 5.3.3 转换日期数据.xlsx。

在使用 Excel 进行数据分析处理过程中，用户会接触大量的日期型数据。部分输入不规范的数据并不属于真正的日期数据，因此不能用于日期计算，也无法通过设置单元格格式对其进行日期格式转换。

如图 5-19 所示，A2 单元格日期结构为"m/d/yyyy"，以"8/23/16"表示"2016 年 8 月 23 日"。现在需要将其转换为"yyyy/m/d"格式的日期。

步骤1 单击 A 列列标，再依次单击【数据】→【分列】命令按钮，在弹出的【文本分列向导-第 1 步，共 3 步】对话框中，单击【下一步】按钮，弹出【文本分列向导-第 2 步，共 3 步】对话框，再次单击【下一步】按钮。

步骤2 在【文本分列向导-第 3 步，共 3 步】的【列数据格式】区域中选择【日期】项，并在【日期】下拉列表中选择"MDY"项，单击【完成】按钮，关闭对话框，如图 5-20 所示。

图 5-19 转换日期数据

图 5-20 选择相应的"日期"项

5.4 删除重复项

素材所在位置：

光盘：\素材\第 5 章 数据整理\ 5.4 删除重复项.xlsx。

"数据去重"是用户在数据整理过程中经常面临的问题，使用【删除重复项】功能，可以快速提取出一组数据中的唯一值。

图 5-21 展示了包含多条重复信息的学生名单表，希望删除学生名单表中重复的数据。

具体操作步骤如下。

步骤1 单击数据区域中任一单元格，如 A3，在【数据】选项卡下单击【删除重复项】按钮，打开【删除重复项】对话框，在对话框中直接单击【确定】按钮，如图 5-22 所示。

图 5-21 学生信息表

步骤2 在弹出的对话框中显示了重复值和唯一值的数量信息，如图 5-23 所示，此时单击【确定】按钮，关闭对话框，即可完成删除重复行的操作。

图 5-22　删除重复项　　　　　　　　　图 5-23　删除重复项结果对话框

 提示

在【删除重复项】对话框的列表框中，列出了单元格区域中所有的字段标题，用户可以勾选其中各字段的复选框，指定字段执行删除重复项的操作。

习题5

1. Excel 支持的通配符包括（　　　）和（　　　）2 种。

2. 需要调出【查找】对话框时，可以按（　　　）组合键。需要调出【替换】对话框时，可以按（　　　）组合键。

3. 以下说法正确的是：（　　　）。

　A."*"作为通配符，可以代替任意多个字符，甚至零个字符

　B.【删除重复项】按钮位于【公式】选项卡下

4. 在工作表中任意输入一组数据，使用选择性粘贴功能，将该组数据分别加上 100。

5. 根据"光盘:\素材\第 5 章数据整理\作业 1.xlsx"中提供的数据，使用【查找与替换】功能，将数据中的零值替换为空白，如图 5-24 所示。

6. 根据"光盘:\素材\第 5 章数据整理\作业 2.xlsx"中提供的数据，使用【分列】功能提取数据中的证件号，结果放置于 B 列。注意：所提取的证件号码需保存为"文本值"类型，否则将产生错误，如图 5-25 所示。

图 5-24　使用【替换】功能将 0 替换为空白　　　图 5-25　提取 A 列证件号至 B 列

71

第6章

数据排序

本章主要介绍 Excel 数据排序技巧，例如多关键字排序、自定义排序和按单元格背景颜色排序等。数据排序便于数据归类，有助于对数据的进一步整理，使数据更加清晰、易于阅读。

6.1 简单排序

Excel 提供了多种方法对数据列表进行排序，用户可以根据需要按行或列、按升序或降序，也可以使用自定义排序命令。Excel 2010 的【排序】对话框可以指定多达 64 个排序条件，还可以按照单元格内的背景颜色和字体颜色进行排序，以及按单元格内显示的图标进行排序。

示例 6-1 一个简单排序的例子

素材所在位置：

光盘：\素材\第 6 章 数据排序\示例 6-1 一个简单排序的例子.xlsx。

未经排序的表格看上去杂乱无章，不利于用户查找及分析数据，而排序后的表格则一目了然，如图 6-1 所示。

如果要对图 6-1 所示的表格按"补贴"字段的金额进行降序排序，可选中 C 列中的任意一个单元格，例如 C3，在【数据】选项卡中单击【降序】按钮，就可以以"补贴"为关键字对数据列表降序排序，如图 6-2 所示。

图 6-1 一个简单排序的例子   图 6-2 以"补贴"为关键字进行降序排序

示例结束

6.2 以当前选中的区域排序

素材所在位置：

光盘：\素材\第 6 章 数据排序\ 6.2 以当前选中的区域排序.xlsx。

如图 6-3 所示，当用户执行排序时，Excel 默认的排序区域为整个数据区域。如果用户仅仅需要对数据列表中的某一个特定的列进行排序，例如只对表格中的"姓名"字段进行降序排序，操作方法如下。

选择 B1:B10 单元格区域，单击【数据】→【降序】按钮，在弹出的【排序提醒】对话框中，单击【以当前选中区域排序】单选按钮，最后单击【排序】命令，即可完成对当前选中区域的排序。此时，A 列的"序号"字段保持原来的排列不变，但 B 列的"姓名"字段已经按降序排列，如图 6-4 所示。

图 6-3　只对选中区域排序　　　　图 6-4　只对选中区域降序排序

6.3　按多个关键字排序

素材所在位置：

光盘：\素材\第 6 章 数据排序\ 6.3 按多个关键字排序.xlsx。

如图 6-5 所示，在学生成绩表格中，需要依次按关键字"总分""语文""数学"和"英语"，对学生成绩进行排序。

操作方法如下。

步骤 1　选中数据区域中的任意一个单元格，如 A2，在【数据】选项卡中单击【排序】按钮，在弹出的【排序】对话框中，【主要关键字】设置为"总分"，如图 6-6 所示。

图 6-5　需要进行排序的表格　　　　图 6-6　添加主要关键字

步骤 2　在【排序】对话框中继续设置条件，单击【添加条件】按钮，将【次要关键字】依次设置为"语文""数学"和"英语"，次序保留默认的升序选项，最后单击【确定】按钮，关闭【排序】对话框，即可完成对数据列表中多关键字的排序，如图 6-7 所示。

排序后，数据将先按照总分由低到高排序，如果总分相同，则再按照语文成绩的升序排序，如果语文成绩仍然相同，则继续按数学成绩升序排序，以此类推，效果如图 6-8 所示。

图 6-7　添加多个次要关键字

图 6-8　多关键字排序后的表格

6.4　自定义序列排列

素材所在位置：

光盘：\素材\第 6 章 数据排序\6.4 自定义序列排列.xlsx。

自定义序列排列

Excel 默认的排序依据包括数字的大小、英文或拼音字母顺序等，但在某些时候，用户需要按照默认排序依据范围以外的特定次序来排序。例如公司内部职务，包括"总经理""副总经理"和"经理"等，如果按照职务高低的顺序来排序，仅仅凭借 Excel 默认的排序依据是无法完成的，此时可以通过"自定义排序"的方法进行排序。

图 6-9 所示为某公司职工的津贴数据，其中 B 列记录了所有职工的职务信息，现在需要按照"职务"的高低对数据列表进行降序排列。

步骤 1　添加自定义序列。

在工作表 E2:E5 单元格区域依次输入"总经理""副总

图 6-9　员工职务补贴表

经理""经理""组长"和"员工"，然后选中 E2:E5 单元格区域，依次单击【文件】→【选项】命令，打开【Excel 选项】对话框，在【高级】选项卡中单击【常规】区域的【编辑自定义列表】按钮，打开【自定义序列】对话框，如图 6-10 所示。

图 6-10　打开编辑自定义列表对话框

在【自定义序列】对话框中，之前选中的单元格地址会自动添加到【从单元格中导入序列】编辑框内。
单击【导入】按钮，最后依次单击【确定】按钮关闭对话框，如图 6-11 所示。

图 6-11　添加自定义序列

步骤 2　使用自定义序列对数据区域排序

选中数据区域中的任一单元格，如 A1，在【数据】选项卡下单击【排序】按钮，将会弹出【排序】对
话框。

在【主要关键字】列表框中选择"职务"，【次序】选择"自定义序列"，将会弹出【自定义序列】对话框。

在【自定义序列】列表中，选择相应的职务序列。最后依次单击【确定】按钮关闭对话框，即可完成自
定义排序，如图 6-12 所示。

图 6-12　使用自定义序列对数据列表排序

6.5　按颜色排序

在实际工作中，用户经常会通过为单元格设置背景颜色或字体颜色来标注比较特殊的数据。Excel 2010
能够根据单元格背景颜色和字体颜色进行排序，从而帮助用户更加灵活地进行数据整理操作。

6.5.1 按一种单元格背景颜色排序

素材所在位置：

光盘：\素材\第 6 章 数据排序\ 6.5.1 按一种单元格背景颜色排序.xlsx。

在图 6-13 所示的数据列表中，部分学员姓名所在单元格被设置成了黄色的背景，如果希望将这些特别的数据排列到表格的前面，可以按如下步骤操作。

选中数据区域中的任意一个黄色背景的单元格，如 A2。单击鼠标右键，在弹出的快捷菜单中依次单击【排序】→【将所选单元格颜色放在最前面】命令，即可将所有的黄色背景单元格排列到数据区域的顶端，如图 6-14 所示。

图 6-13　部分单元格颜色被设置为黄色的表格

图 6-14　所有黄色的单元格排列到表格顶端

6.5.2 按多种单元格背景颜色排序

素材所在位置：

光盘：\素材\第 6 章 数据排序\ 6.5.2 按多种单元格背景颜色排序.xlsx。

如果在一个数据列表中手动设置了多种单元格背景颜色，Excel 能够按照颜色的次序来排列数据。例如，需要对图 6-15 所示的数据列表按"红色""蓝色"和"绿色"3 种颜色的分别排序，可以按以下步骤进行操作。

步骤 1 选中单元格区域的任一单元格，如 C2，依次单击【数据】→【排序】命令按钮。在弹出的【排序】对话框中，选择【主要关键字】为"总分"，【排序】依据为"单元格颜色"，【次序】为"红色"在顶端，如图 6-16 所示。

图 6-15　包含 3 种不同颜色单元格的表格

图 6-16　设置排序依据为单元格颜色

步骤 2 单击【复制条件】按钮，设置"蓝色"为次级次序。重复该步骤，设置"绿色"为次级次序。最后单击【确定】按钮，关闭【排序】对话框，即可完成按颜色排序，如图 6-17 所示。

图 6-17　设置其他两种颜色的排序次序

　提示

除了按单元格背景颜色排序外，Excel 还能根据字体颜色和由条件格式产生的单元格图标进行排序，方法和单元格背景颜色排序相同。

6.6　按笔划排序

素材所在位置：

光盘：\素材\第 6 章　数据排序\ 6.6 按笔划排序.xlsx。

在默认情况下，Excel 对中文字符是按照拼音字母的顺序排序的。如图 6-18 所示，A 列姓名即按字母的顺序排列，如果用户需要对其按笔划顺序进行升序排列，可以按以下步骤操作。

步骤 1　选择数据区域的任一单元格，例如 B2，依次单击【数据】→【排序】命令按钮，打开【排序】对话框。

步骤 2　在【排序】对话框中，【主要关键字】选择"姓名"，右侧的【次序】保持默认的"升序"。单击【选项】按钮，将会弹出【排序选项】对话框，选择【笔划排序】单选按钮。最后依次单击【确定】按钮关闭对话框，即可完成按笔划排序，如图 6-19 所示。

图 6-18　按拼音字母和按笔划排序的数据表

图 6-19　设置按笔划排序

　提示

Excel 的【笔划排序】规则是按字的笔画数多少排列，在笔画数相同的情况下，按照其内码顺序，而非笔划书写顺序进行排列。

6.7 按行排序

素材所在位置：

光盘：\素材\第 6 章 数据排序\ 6.7 按行排序.xlsx。

Excel 不仅能够按照列的方向进行纵向排序，还可以按行的方向进行横向排序。

如图 6-20 所示，A 列是行标题，用来表示部门，第一行是列标题，用来表示月份。现在需要按"月份"来对表格排序，操作步骤如下。

步骤 1 选中 B1:M5 单元格区域，依次单击【数据】→【排序】按钮，在弹出的【排序选项】对话框中，单击【方向】区域中的【按行排序】单选按钮，最后单击【确定】按钮关闭对话框，如图 6-21 所示。

图 6-20 按列排序前后的表格

图 6-21 设置排序选项为按行排序

步骤 2 此时在【排序】对话框中，关键字列表框的内容都发生了改变。选择【主要关键字】为"行 1"，【排序依据】为数值，次序为升序，单击【确定】按钮关闭对话框，如图 6-22 所示。

图 6-22 设置主要关键字为行 1

注意

在使用按行排序时，不能像按列排序时一样选中整个目标区域。这是因为 Excel 的排序功能中没有"行标题"的概念，如果选中全部数据区域再进行按行排序，包括行标题的数据列也会参与排序。

6.8 返回排序前的状态

素材所在位置：
光盘：\素材\第 6 章 数据排序\ 6.8 返回排序前的状态.xlsx。

当数据列表进行多次排序后，如果需要将其恢复到排序前的初始状态，仅仅依靠撤销功能（<Ctrl+Z>组合键）会变得非常烦琐，而且未必尽如人意。事实上，用户可以通过在排序前预先设置序列号的方法来解决这个问题。

在数据列表的任意相邻列之间插入一列空白列作为辅助列，输入标题，例如"NO."，在标题行下方的 A2 单元格输入"1"，A3 单元格输入"2"，同时选取这两个单元格，双击 A3 单元格右下角的填充柄，即可向下填充步长值为 1 的等差序列，直至数据区域的最后一个单元格，如图 6-23 所示。

此时，无论对表格如何排序（按行方向排序除外），只要以 A 列为关键字做一次升序排序，即可将数据列表恢复到初始次序。

	A	B	C	D
1	NO.	姓名	职务	补贴
2	1	陈尚武	经理	500
3	2	杨庆东	副总经理	800
4	3	任继先	经理	500
5	4	赵会芳	员工	200
6	5	李厚辉	员工	200
7	6	陆艳菲	总经理	1000
8	7	李光明	组长	600
9	8	毕淑华	员工	200
10	9	赖群毅	员工	200

图 6-23　添加辅助列

6.9 利用排序制作工资条

素材所在位置：
光盘：\素材\第 6 章 数据排序\ 6.9 利用排序制作工资条.xlsx。

利用排序制作工资条

图 6-24 展示了某公司工资表的部分内容，其中包含 7 名员工的工资明细记录，现在需要根据这张工资表制作工资条。

操作方法如下。

步骤 1　在 G2:G8 区域填充数字 1 到 7，然后将该区域的数字复制到 G9:G15 单元格区域。再单击 G 列数据区域任意单元格，对数据区域进行升序排列，如图 6-25 所示。

	A	B	C	D	E	F
1	序号	姓名	职务工资	工龄津贴	应发数	签名
2	1	赵会芳	200	50	250	
3	2	李厚辉	200	50	250	
4	3	毕淑华	200	50	250	
5	4	赖群毅	200	100	300	
6	5	陈尚武	500	150	650	
7	6	任继先	500	150	650	
8	7	李光明	600	200	800	

图 6-24　工资表

图 6-25　对 G 列数值排序后的结果

步骤 2　选中 A3:F14 单元格区域，按<F5>功能键，打开【定位】对话框。单击【定位条件】按钮，将会弹出【定位条件】对话框。选择【空值】单选钮，单击【确定】按钮，快速选中当前数据区域中的所有空白单元格，如图 6-26 所示。

图 6-26　选中当前区域中的空白单元格

步骤 3　在编辑栏内输入公式 "=A1"，然后按<Ctrl+Enter>组合键，完成后的效果如图 6-27 所示。

步骤 4　删除 G 列辅助列的序号，并将 F 列的 "0" 值替换为空白，格式美化后即可得到一张合适打印并可以分开剪裁的工资条列表，如图 6-28 所示。

图 6-27　批量填充空值

图 6-28　美化后的工资条列表

1. Excel 在对中文字符进行排序时，默认是按（　　　）进行排序的。

　　A. 拼音字母　　　　　　　　　　　　B. 笔画多少

2. 以下说法正确的是（　　　）。

　　A. Excel 既能按行排序，也能按列排序　　B. Excel 不能按单元格字体颜色排序

3. 新建一个工作簿，输入本班同学姓名和班级职务，然后添加一组班级职务的自定义序列，再使用排序功能，将其进行升序排列。

第 7 章

数据筛选

本章主要讲解 Excel 筛选和高级筛选功能的应用。筛选后的数据列表可以只显示特定条件的行，使用高级筛选功能可以处理条件更为复杂的数据列表。

7.1 筛选

在管理数据列表时，根据某种条件筛选出匹配的数据是一项常见的需求。Excel 内置的"筛选"功能，专门用于解决这类问题。

7.1.1 认识筛选

对于工作表中的普通数据列表，可以使用以下 2 种方式进入筛选状态。

1. 功能区操作方法

以图 7-1 所示的数据列表为例，先选中列表中任意的一个单元格，然后单击【数据】选项卡中的【筛选】按钮，即可启用筛选功能。此时，功能区中的【筛选】按钮呈现高亮显示状态，数据列表中所有字段的标题单元格中也会出现筛选按钮。

图 7-1　选项卡功能区启用筛选功能

数据列表进入筛选状态后，单击每个字段的标题单元格中的下拉箭头，都将弹出下拉菜单，提供有关"排序"和"筛选"的详细选项，不同数据类型的字段所能够使用的筛选选项也不相同，如图 7-2 所示。

在筛选下拉菜单中，通过简单地勾选，即可完成筛选。例如，只勾选"财务部"，单击【确定】按钮，即可完成以"财务部"为条件的筛选操作，如图 7-3 所示。

图 7-2　筛选下拉菜单

图 7-3　以"财务部"为条件进行筛选

83

2. 鼠标快捷菜单操作方法

在数据列表中，用鼠标选中某个单元格，可以通过快捷菜单，以所选单元格的内容或颜色属性作为筛选条件进行快速筛选，而不必先进入筛选状态，再去设置具体的筛选条件。

示例 7-1　按所选单元格背景色进行筛选

素材所在位置：

光盘：\素材\第 7 章　数据筛选\示例 7-1 按所选单元格背景色进行筛选.xlsx。

以图 7-4 所示的数据列表为例，"评级"字段部分单元格背景色填充为黄色。如果希望在该字段筛选出单元格背景色填充为黄色的所有单元格，可以用鼠标选中任意一个背景色填充为黄色的单元格，单击鼠标右键，在弹出的快捷菜单中，依次单击【筛选】→【按所选单元格的颜色筛选】即可。

图 7-4　使用右键菜单进行快速筛选

示例结束

7.1.2 | 按照数字特征进行筛选

对于数值型数据字段，筛选下拉菜单中会显示【数字筛选】的相关选项，如图 7-5 所示。

示例 7-2　快速筛选涨幅前 6 名的股票

素材所在位置：

光盘：\素材\第 7 章　数据筛选\示例 7-2 快速筛选涨幅前 6 名的股票.xlsx。

图 7-6 所示是一份股票行情表的部分数据，目前已处于筛选状态，要求筛选出涨幅最高的前 6 名的股票信息。

步骤1　单击 E1 单元格的下拉箭头，在弹出的下拉菜单中单击【数字筛选】→【10 个最大的值】命令，将弹出【自动筛选前 10 个】对话框，如图 7-7 所示。

图 7-5　数字筛选相关选项

图 7-6　股票行情数据表

图 7-7　筛选涨幅前 6 名的股票

步骤 2　在【自动筛选前 10 个】对话框中，分别设置为"最大""6"和"项"，单击【确定】按钮关闭对话框，即可筛选出涨幅最高的前 6 名的股票信息，如图 7-8 所示。

图 7-8　设置【自动筛选前 10 个】对话框

示例结束

7.1.3 | 按照日期的特征进行筛选

对于日期型数据字段，筛选下拉菜单会显示【日期筛选】的相关选项，如图 7-9 所示。

日期筛选有以下特点。

（1）默认状态下，日期分组列表并没有直接显示具体的日期，而是以年、月和日分组后的分层形式显示。

（2）Excel 提供了大量的预置动态筛选条件，将数据列表中的日期和当前日期的比较结果作为筛选条件。

（3）【期间所有日期】菜单下面的命令只按时间段进行筛选，而不考虑年。例如，【第 4 季度】表示数据列表中年度的第 4 季度，如图 7-10 所示。

图 7-9　日期型字段的筛选菜单　　　　　　　　　图 7-10　【期间所有日期】的扩展菜单

除了以上的日期筛选选项以外，Excel 还提供了【自定义筛选】的选项。

遗憾的是，虽然 Excel 2010 提供了大量有关日期特征的筛选条件，但仅能用于日期，而不能用于时间，因此也就没有提供类似于"上午"和"下午"这样的筛选条件。Excel 筛选功能将时间视为数字来处理。

如果希望取消筛选菜单中的日期分组状态，以便按照具体的日期值进行筛选，可以在【文件】选项卡中单击【选项】按钮，在弹出的【Excel 选项】对话框中，切换到【高级】选项卡，在【此工作簿的显示选项】命令组中取消勾选【使用"自动筛选"菜单分组日期】的复选框，单击【确定】按钮，如图 7-11 所示。

图 7-11　取消筛选菜单中默认的日期分组状态

7.1.4　使用通配符进行模糊筛选

用于筛选数据的条件，有时并不能明确指定某一项的内容，而是某一类的内容。例如，姓名中所有含有"汉"字的员工、产品编号中第 3 位是 B 的产品等。在这种情况下，可以借助通配符来进行筛选。

示例 7-3　快速筛选出产品编号第 3 位是"B"的商品

素材所在位置：

光盘：\素材\第 7 章 数据筛选\示例 7-3 快速筛选出产品编号第 3 位是"B"的商品.xlsx。

图 7-12 所示为某公司商品库存清单部分数据，已处于筛选状态，现需要筛选出商品编号第 3 位是"B"的商品。

图 7-12　某公司商品库存清单

单击 B1 单元格的筛选按钮，在弹出的下拉菜单中依次单击【文本筛选】→【自定义筛选】，将会弹出【自定义自动筛选方式】对话框。在第一个条件组合框中选择"等于"，并在右侧的组合框中输入"??b*"，单击【确定】按钮关闭对话框，如图 7-13 所示。

此外，也可以直接在筛选菜单的搜索框中直接输入"??b*"，单击【确认】按钮进行筛选，如图 7-14 所示。

图 7-13　使用通配符进行筛选

图 7-14　在搜索框中使用通配符进行筛选

注意

通配符仅能作用于文本型数据，而对于数值和日期型数据无效。其中，星号"*"可以代替任意多的任意字符，问号"？"只能代替单个字符，引用星号"*"或问号"？"符号本身作为筛选条件时，需要在星号或问号前面加波形符"～"，如"～*"。

示例结束

7.1.5 筛选多列数据

用户可以对数据列表中的任意多列同时指定"筛选"条件。操作方法是，先对数据列表中的某一列设置条件进行筛选，然后在筛选出的记录中对另一列设置条件进行筛选，以此类推。在对多列同时应用筛选时，筛选条件之间是"与"的关系。

示例 7-4　筛选多列数据

素材所在位置：

光盘：\素材\第 7 章 数据筛选\示例 7-4 筛选多列数据.xlsx。

图 7-15 所示的数据列表已经处于筛选状态，现要求筛选出职务为"销售代表"，工作津贴等于 500 的所有数据。

首先筛选出"职务"字段条件为"销售代表"的记录，在筛选出的记录中，再筛选出"工作津贴"字段条件等于 500 的记录即可，如图 7-16 所示。

图 7-15　某公司职员工作津贴表　　图 7-16　筛选多列数据

示例结束

7.1.6 取消筛选

如果需要取消对某一列的筛选，可以在该列的筛选列表中选择【（全选）】，或单击【从"字段名"中清除筛选】按钮，如图 7-17 所示。

图 7-17 取消指定列的筛选条件

如果需要取消数据列表中的所有筛选，可以单击【数据】选项卡中的【清除】按钮，如图 7-18 所示。

图 7-18 取消工作表中的所有筛选

7.2 高级筛选

Excel 高级筛选功能是筛选的升级，它不但包含了筛选的所有功能，而且还可以设置更多、更复杂的筛选条件，同时可以将筛选出的结果输出到数据列表外指定的位置。

7.2.1 设置高级筛选的条件区域

高级筛选

在【数据】选项卡下单击【高级】按钮，可以打开【高级筛选】对话框，如图 7-19 所示。

高级筛选和筛选不同，它要求在一个工作表区域内单独指定筛选条件，并与数据列表的数据分开放置。一个高级筛选的条件区域至少要包含两行。

第一行是列标题。通常情况下，列标题应和数据列表中的标题匹配，建议采用复制、粘贴命令将数据列表中的标题粘贴到条件区域的首行。条件区域并不需要含有数据列表中的所有列的标题，与筛选过程无关的列标题可以不使用。

第二行是筛选条件。筛选条件通常包含具体数据或与数据相连接的比较运算符和通配符。另外，某些包含单元格引用的公式也可以作为筛选条件使用。

图 7-19　打开【高级筛选】对话框

提示

当使用【在原有区域显示筛选结果】的筛选方式时，未被筛选的数据行将会被隐藏起来，因此条件区域的放置位置应该避免与数据区域处于相同的行。

7.2.2　简单条件的高级筛选

以图 7-20 所示数据列表为例，需要筛选"部门"为"财务部"的考评名单，并将结果放置于 E～G 列的单元格区域。

操作步骤如下。

步骤1　在数据列表上方插入 3 行空行来放置高级筛选的条件。把 A1:A2 单元格区域作为筛选的条件区域。其中，A1 单元格为列标题，需要和数据列表区域的标题一致，A2 单元格为筛选的条件。设置结果如图 7-21 所示。

	A	B	C
1	部门	姓名	考评
2	财务部	郎会坚	91
3	IT部	李珂	95
4	行政部	张勇	90
5	IT部	王丙柱	85
6	行政部	赵永福	75
7	财务部	朱体高	62
8	IT部	王俊松	81
9	IT部	刘德瑞	92
10	IT部	胥和平	94
11	财务部	薛滨峰	77
12	财务部	王志为	98

	E	F	G
4	部门	姓名	考评
5	财务部	郎会坚	91
6	财务部	朱体高	62
7	财务部	薛滨峰	77
8	财务部	王志为	98

图 7-20　某公司考评名单

	A	B	C
1	部门		
2	财务部		
3			
4	部门	姓名	考评
5	财务部	郎会坚	91
6	IT部	李珂	95
7	行政部	张勇	90
8	IT部	王丙柱	85
9	行政部	赵永福	75
10	财务部	朱体高	62
11	IT部	王俊松	81
12	IT部	刘德瑞	92
13	IT部	胥和平	94
14	财务部	薛滨峰	77
15	财务部	王志为	98

图 7-21　设置条件区域

步骤2　单击数据列表中的任意单元格，例如 B6，依次单击【数据】→【高级】命令按钮，将会弹出【高级筛选】对话框。

步骤3　在【高级筛选】对话框中，单击【将筛选结果复制到其他位置】单选按钮，再单击【条件区域】右侧的折叠按钮，选择 A1:A2 单元格区域，在【复制到】编辑框中输入"$E$4"，最后单击【确定】

按钮，完成筛选操作，如图 7-22 所示。

图 7-22 设置【高级筛选】对话框选项

7.2.3 "关系与"条件的高级筛选

"关系与"条件是指条件之间必须是同时满足的并列关系，即各条件之间是"并且"的关系。在使用高级筛选时，条件区域内同一行方向上的多个条件即为"关系与"的条件。

示例 7-5 "关系与"条件的高级筛选

素材所在位置：

光盘：\素材\第 7 章 数据筛选\示例 7-5 "关系与"条件的高级筛选.xlsx。

以图 7-23 所示的数据列表为例，需要筛选出"性别"字段为"男"且"年终奖金"字段大于 7 000 的记录。

	B	C	D	E	F	G	H	I
1	姓名	性别	籍贯	出生日期	入职日期	月工资	绩效系数	年终奖金
2	林达	男	哈尔滨	1978/5/28	2013/6/20	4750	0.5	4275
3	贾丽丽	女	成都	1983/6/5	2013/6/13	2750	0.95	4702.5
4	赵睿	男	杭州	1974/5/25	2013/6/14	2750	1	4950
5	师丽莉	男	广州	1977/5/8	2013/6/11	4750	0.6	5130
6	岳恩	男	南京	1983/12/9	2013/6/10	4250	0.75	5737.5
7	李勤	男	成都	1975/9/5	2013/6/17	3250	1	5850
8	郝尔冬	男	北京	1980/1/1	2013/6/4	3750	0.9	6075
9	朱丽叶	女	天津	1971/12/17	2013/6/3	3250	1.1	6435
10	白可燕	女	山东	1970/9/28	2013/6/2	2750	1.3	6435
11	师胜昆	男	天津	1986/9/28	2013/6/16	3750	1	6750
12	郝河	男	广州	1969/5/12	2013/6/12	3250	1.2	7020
13	艾思迪	女	北京	1966/5/4	2013/6/1	3250	1.2	7020
14	张祥志	男	桂林	1989/12/3	2013/6/18	3250	1.3	7605

图 7-23 某公司年终奖金计算表

操作步骤如下。

步骤 1 在数据列表上方插入 3 行空行，用来放置高级筛选的条件。在新插入的 1~2 行中，分别写入标题名称和用于描述条件的文本和表达式，如图 7-24 所示。

	A	B	C	D	E	F	G	H	I
1	性别	年终奖金							
2	男	>7000							
4	工号	姓名	性别	籍贯	出生日期	入职日期	月工资	绩效系数	年终奖金
5	535353	林达	男	哈尔滨	1978/5/28	2013/6/20	4750	0.5	4275
6	626262	贾丽丽	女	成都	1983/6/5	2013/6/13	2750	0.95	4702.5
7	727272	赵睿	男	杭州	1974/5/25	2013/6/14	2750	1	4950
8	424242	师丽莉	男	广州	1977/5/8	2013/6/11	4750	0.6	5130
9	323232	岳恩	男	南京	1983/12/9	2013/6/10	4250	0.75	5737.5
10	131313	李勤	男	成都	1975/9/5	2013/6/17	3250	1	5850
11	414141	郝尔冬	男	北京	1980/1/1	2013/6/4	3750	0.9	6075

图 7-24　设置条件区域

步骤2　单击数据列表中的任意单元格，例如 C5。依次单击【数据】→【高级】命令按钮，将会弹出【高级筛选】对话框。单击【条件区域】右侧的折叠按钮，选择 A1:B2 单元格区域。最后单击【确定】按钮，即可得到筛选结果，如图 7-25 所示。

图 7-25　"关系与"条件的高级筛选

示例结束

7.2.4　"关系或"条件的高级筛选

　　"关系或"条件是指条件和条件之间只需要满足其中之一即可的平行关系，即条件之间是"或"的关系。在使用高级筛选时，条件区域内不在同一行上的条件即为"关系或"条件。

示例 7-6　"关系或"条件的高级筛选

　　素材所在位置：

　　光盘：\素材\第 7 章 数据筛选\示例 7-6 "关系或"条件的高级筛选.xlsx。

　　以图 7-26 所示的数据列表为例，如果需要筛选出"性别"字段为"男"，或是"年终奖金"字段大于7 000 的所有记录。在 A1:B3 单元格输入筛选条件，注意性别和年终奖金两个条件需要存放在不同行内，筛选步骤可参照图 7-25。

图 7-26 "关系或"条件的高级筛选

示例结束

7.2.5 同时使用"关系与"和"关系或"条件

素材所在位置：

光盘：\素材\第 7 章 数据筛选\ 7.2.5 同时使用"关系与"和"关系或"条件.xlsx。

在图 7-27 所示的数据列表中，同时使用了"关系与"和"关系或"的高级筛选条件，例如，"顾客"为"河北大宇""宠物垫"产品的销售额总计大于 500 的记录，或者"顾客"为"南京福东""宠物垫"产品的销售额总计大于 100 的记录，或者"顾客"为"福州万通"的所有记录。

筛选后的结果如图 7-28 所示。

图 7-27 同时使用"关系与"和"关系或"条件的高级筛选

图 7-28 筛选结果

7.2.6 使用计算条件的高级筛选

在高级筛选的条件区域中，允许使用公式作为自定义的筛选条件。

示例 7-7 使用计算条件的高级筛选

素材所在位置：

光盘：\素材\第 7 章 数据筛选\示例 7-7 使用计算条件的高级筛选.xlsx。

图 7-29 所示的表格是一张学生成绩表，如需筛选出科目平均成绩及格的学生清单，除了增加辅助列，计算科目平均分后再进行筛选以外，还可以通过使用公式的自定义筛选条件来直接筛选得出结果。

设置筛选条件区域时，需要将第一行的条件标题行留空或输入数据列表字段标题以外的内容，然后在第二行内输入公式：

=AVERAGE(语文,数学)>=60

设置效果及筛选结果如图 7-30 所示。

图 7-29　学生成绩表　　　　图 7-30　使用计算条件的高级筛选

当条件公式需要对数据列表中的字段进行引用时，可以直接引用字段标题，如上面公式中的"语文"和"数学"，也可以引用字段名称下方第 1 条记录的单元格地址，如下面公式中的 B5 和 C5 单元格。

=AVERAGE(B5,C5)>=60

 注意

（1）作为筛选条件的公式通常返回逻辑值的公式。当逻辑值为 TRUE 时，即满足筛选条件。

（2）条件公式的作用只是为了指明字段中的筛选条件，它的引用方式不同于真正的函数公式的引用方式，因此其计算结果没有实际意义，即便返回错误值也不影响筛选结果。

（3）使用公式作为筛选条件，所对应的条件区域的首行不能使用字段名称，可以输入其他内容，或者为空白单元格。

示例结束

7.2.7 | 筛选不重复值

素材所在位置：
光盘：\素材\第 7 章 数据筛选\ 7.2.7 筛选不重复值.xlsx。

重复值是用户在处理数据时经常碰到的问题，Excel 提供了多种方法来解决这类问题。其中，使用"高级筛选"功能来得到数据列表中的不重复值记录是一个很好的选择。

以图 7-31 所示的数据列表为例，希望将表中不重复的数据筛选出来并复制到工作表的 E～G 列单元格区域中。

操作步骤如下。

步骤1 单击数据列表中的任意一个单元格，例如 A4，在【数据】选项卡中单击【高级】按钮，将会弹出【高级筛选】对话框。

图 7-31　筛选不重复记录到 E～G 列区域

步骤 2　在【高级筛选】对话框中，选中【将筛选结果复制到其他位置】单选按钮，在【复制到】编辑框中输入$E$1，勾选【选择不重复的记录】复选框，单击【确定】按钮，即可得到筛选结果，如图 7-32所示。

图 7-32　设置高级筛选对话框

7.2.8　精确匹配的筛选条件

素材所在位置：

光盘：\素材\第 7 章　数据筛选\7.2.8 精确匹配的筛选条件.xlsx。

在图 7-33 所示的数据列表中筛选"款式号"字段为"A00580807"的记录，如果直接在条件区域内的条件单元格内输入"A00580807"，进行高级筛选操作后，并不能得到所希望的筛选结果。

如图 7-34 所示，其中不仅包含了"款式号"为"A00580807"的记录，也包含了"款式号"为"A00580807LL"和"A00580807-B"等的记录，因此这样的条件设置不能精确筛选出完全匹配的记录。

要设置精确匹配的筛选条件，可以在条件值前面加上单引号和等号"="。如"'= A00580807"，或把单元格设置为文本格式后，再输入"=A00580807"。此外，也可以在单元格中直接输入公式：

```
="=A00580807"
```

正确设置后，再次进行高级筛选即可，结果如图 7-35 所示。

	A	B	C	D
1	款式号			
2	A00580807			
3				
4	款式号	数量	单价	金额
5	A00580807	47	61.97	2912.42
6	A00580807LL	78	55.58	4335.22
7	A00580807-A	121	13.92	1684.38
8	A00580807	74	61.97	4585.51
9	A00580807-B	62	59.59	3694.73
10	A00580807	83	61.97	5143.21
11	A00580807	19	61.97	1177.36
12	A00573202	77	39.76	3061.54
13	A00573202-A	37	90.41	3344.99
14	A00573202-B	138	66.81	9219.44
15	A00873202	22	6.46	142.05
16	A00973202	39	41.37	1613.24
17	A00873202-C	121	43.21	5228.52

图 7-33　某公司产品销售表

	A	B	C	D
1	款式号			
2	A00580807			
3				
4	款式号	数量	单价	金额
5	A00580807	47	61.97	2912.42
6	A00580807LL	78	55.58	4335.22
7	A00580807-A	121	13.92	1684.38
8	A00580807	74	61.97	4585.51
9	A00580807-B	62	59.59	3694.73
10	A00580807	83	61.97	5143.21
11	A00580807	19	61.97	1177.36

图 7-34　错误的筛选结果

	A	B	C	D
1	款式号			
2	=A00580807			
3				
4	款式号	数量	单价	金额
5	A00580807	47	61.97	2912.42
8	A00580807	74	61.97	4585.51
10	A00580807	83	61.97	5143.21
11	A00580807	19	61.97	1177.36

图 7-35　正确的条件设置和筛选结果

7.2.9　将筛选结果输出到其他工作表

素材所在位置：

光盘：\素材\第 7 章 数据筛选\ 7.2.9 将筛选结果输出到其他工作表.xlsx。

高级筛选允许将数据列表的筛选结果复制到其他工作表，但需要在先选中目标工作表的前提下进行操作。

如图 7-36 所示，当前工作簿包含了"数据表"和"结果表"两张工作表，数据源区域位于"数据表"工作表中，需要将筛选结果复制到"结果表"工作表中。

图 7-36　包含了两张工作表的工作簿

操作步骤如下。

步骤 1 激活"结果表"工作表，依次单击【数据】→【高级】命令按钮，打开【高级筛选】对话框，如图 7-37 所示。

图 7-37 激活"结果表"后打开高级筛选对话框

步骤 2 在【高级筛选】对话框中，单击【将筛选结果复制到其他位置】单选按钮，在【列表区域】编辑框中输入"数据表!$A$4:$D$15"，在【条件区域】编辑框中输入"数据表!$A$1:$A$2"，在【复制到】编辑框中输入"结果表!$A$1"，最后单击【确定】按钮，完成筛选操作，如图 7-38 所示。

图 7-38 【高级筛选】设置

 提示

如果在没有激活"结果表"的工作表前提下进行高级筛选设置，会弹出"只能复制筛选过的数据到活动工作表"的警告对话框，无法完成高级筛选，如图 7-39 所示。

图 7-39 Excel 警告对话框

1.【筛选】命令位于（_____）选项卡下。

2.【筛选】和【高级筛选】支持通配符（_____）和（_____）的使用。

3. 以下说法正确的是：（_____）。

　A.【筛选】不能针对单元格背景色进行筛选

　B.【高级筛选】可以将筛选结果输出到和数据列表所在工作表以外的其他工作表

4. 根据"光盘：\素材\第 7 章数据筛选\作业 1.xlsx"提供的数据列表，筛选出由两个汉字构成的人员名单，如图 7-40 所示。

图 7-40　筛选出人名由两个字构成的名单

5. 根据"光盘：\素材\第 7 章数据筛选\作业 2.xlsx"提供的数据列表，筛选出不重复的学员名单，并放置于 E～G 列区域，如图 7-41 所示。

图 7-41　筛选不重复的学员名单

第 8 章

公式与函数

　　公式与函数是 Excel 功能的核心组成部分之一，在使用 Excel 进行数据处理与分析过程中具有非常重要的作用。本章详细介绍 Excel 公式与函数在数据处理与分析中的应用，包括数据整理、统计以及预测等方面的常用知识和技巧。

8.1 公式和函数基础

理解并掌握公式与函数的基础知识，例如公式与函数的定义、单元格引用、公式中的运算符和数组概念等，有助于进一步学习和运用公式与函数解决实际问题。

8.1.1 什么是公式与函数

在 Excel 中，公式是以"="号为引导，通过运算符按照一定的顺序组合进行数据运算处理的等式。函数则是 Excel 内部预先定义并按照特定的顺序和结构来执行计算、分析等数据处理任务的功能模块。Excel 函数可以看作是一种特殊的公式。从广义角度讲，函数也是一种公式。

使用公式能够有目的地计算结果，或根据计算结果改变所作用单元格的条件格式、设置规划求解模型等，输入到单元格中的公式包含以下 5 种元素。

（1）运算符：是指一些运算符号，例如加、减、乘和除等。

（2）单元格引用：包括命名的单元格和范围，可以是当前工作表或其他工作簿所属工作表的单元格。

（3）值或字符串：例如，数字 8 或字符"A"。

（4）工作表函数和参数：例如 SUM 函数以及其他的参数。

（5）括号：控制着公式中各表达式的计算顺序。

8.1.2 公式中的运算符

运算符是构成公式的基本要素之一，每个运算符分别代表一种运算。Excel 包含 4 种类型的运算符，分别是：算术运算符、比较运算符、文本运算符和引用运算符。

（1）算术运算符：主要包括加、减、乘、除、百分比以及求幂等各种常规的算术运算。

（2）比较运算符：用于比较数据的大小，包括对文本和数值的比较。

（3）文本运算符：文本运算符&，主要用于将多个字符或字符串进行连接合并。

（4）引用运算符：这是 Excel 特有的运算符，主要用于产生单元格引用。

与常规的数学计算式相似，Excel 所有的运算符也有运算优先级。当公式中同时用到多个运算符时，Excel 将按表 8-1 所示的顺序进行运算。

表 8-1　　　　　　　　　　　公式中运算符的优先顺序

优先顺序	符号	说明
1	:（空格），	引用运算符：冒号、单个空格和逗号
2	–	算术运算符：负号（取得与原值正负号相反的值，注意和减法区别）
3	%	算术运算符：百分比
4	^	算术运算符：求幂
5	*和/	算术运算符：乘和除
6	+和–	算术运算符：加和减
7	&	文本运算符：连接文本
8	=,<,>,<=,>=,<>	比较运算符：比较两个值的大小

在默认情况下，Excel 中的公式将依照上述的顺序进行运算，如以下公式：

=9--2^4

该公式的结果并不等于公式：

=9+2^4

根据优先级，最先进行的是代表负号的"–"与"2"进行负数运算，然后是"^"与"4"进行求幂运算，最后才是与代表减号的"–"与"9"进行减法运算。事实上，该公式等价于以下公式：

=9–(–2^4)

计算结果为–7。

如果需要人为地改变公式的运算顺序，可以使用小括号提高运算的优先级。如果在公式中使用多组括号进行嵌套，其计算顺序是由最内层的括号逐级向外进行运算的。

8.1.3　公式中的数据类型

在 Excel 公式中，数据可以分为文本、数值、逻辑值和错误值等几种类型。

（1）在公式中使用文本时，需要用一种半角双引号（"）将要表示的内容括起来。例如，在单元格中以公式的形式输入"ExcelHome 技术论坛"：

="ExcelHome 技术论坛"

（2）日期和时间是数值的特殊表示形式，可以直接用于数学运算。例如，计算今天距离本年最后一天还有多少天，可以使用公式：

="12-31"–TODAY()

（3）逻辑值只有 TRUE 和 FALSE 两种。在 Excel 公式运算中，逻辑值和数值的关系如下：

在数学运算中，TRUE 等同于 1，FALSE 等同于 0。例如，公式：=TRUE+1，结果为 2；公式：=FALSE+1，结果为 1。

在逻辑判断中，0 等同于 FALSE，所有非 0 的数值都等同于 TRUE。

（4）错误值主要有#VALUE!、#DIV/0!、#NAME?、#N/A、#REF!、#NUM!和#NULL!等类型，其含义如表 8-2 所示。

表 8-2　　　　　　　　　　　　　　　　8 种错误值及其含义

错误值类型	含义
#####	当列宽不够显示数字，或使用了负的日期或负的时间时出现错误
#VALUE!	当使用的参数或操作数类型错误时出现错误
#DIV/0!	当数字被零（0）除时出现错误
#NAME?	当函数或公式中使用了不能识别的自定义名称时出现错误
#N/A	当查询类函数无法查询到正确的结果时出现错误
#REF!	当单元格引用无效时出现错误
#NUM!	公式或函数中使用无效数字值时出现错误
#NULL	当用交叉运算符（空格）表示两个引用单元格或区域的交叉区域时，被计算的两个区域并不存在交叉的交点，出现错误

除了错误值以外，文本、数值与逻辑值比较时大小顺序为：

……–2、–1、0、1、2……文本、逻辑值 FALSE、逻辑值 TRUE。

错误值不参与排序。

注意

数字与数值是两个不同的概念，数字允许以数值和文本两种形式存储。事先设置了单元格格式为"文本"再输入数字，或先输入撇号再输入数值，以及用文本类函数得出的数字，都将作为文本形式存储。

8.1.4 认识单元格引用

单元格是工作表的最小组成元素，以左上角第一个单元格为原点，向下向右分别为行、列坐标的正方向，由此构成单元格在工作表上所处位置的坐标集合。在公式中使用坐标的方式表示单元格在工作表中的"地址"，实现对存储于单元格中数据的调用，这种方法称为单元格引用。

1. A1 引用样式和 R1C1 引用样式

（1）A1 引用样式

在默认情况下，Excel 使用 A1 引用样式，即使用字母 A～XFD 表示列标，用数字 1～1 048 576 表示行号，单元格地址由列标和行号组合而成。例如 C5 单元格，即是指位于第 C 列和第 5 行交叉处的单元格。

（2）R1C1 引用样式

如图 8-1 所示，单击【文件】选项卡中的【选项】按钮，切换到【公式】选项卡，在【使用公式】区域中勾选【R1C1 引用样式】复选框，可以启用 R1C1 引用样式。

图 8-1 启用 R1C1 引用样式

在 R1C1 引用样式中，Excel 的行号和列号都使用数字表示。例如，R2C3 单元格，即是指第 2 行和第 3 列交叉处的单元格。其中字母"R"和"C"分别是英文"ROW"行和"COLUMN"列的首字母。R2C3 也就是 A1 引用样式中的 C2 单元格。

2. 相对引用、绝对引用和混合引用

在公式中引用单元格以具有以下关系，例如在 A1 单元格输入公式"=B1"，那么 B1 就是 A1 的引用单元格，A1 就是 B1 的从属单元格。

从属单元格和引用单元格之间的位置关系称为单元格引用的相对性，可以分为 3 种不同的引用方式，即相对引用、绝对引用和混合引用。

（1）相对引用

图 8-2 所示的表格为某班学生成绩表，现在需要统计每名学员的成绩总分。

在 D2 单元格中输入公式：

=B2+C2

图 8-2　某班学习成绩表

可以得出 A2 单元格中学员的成绩总分。选中 D2 单元格，鼠标移至单元格右下角，双击十字形填充柄，即可将该公式填充到 D2:D10 单元格区域，得出每一位学员的总分成绩。

由上例可以发现，D 列的单元格公式在复制或填充的过程中，公式的内容发生了改变，公式中的两个单元格引用地址 B2 和 C2 随着公式所在位置的不同而自动改变，如 B3+C3、B4+C4、B5+C5 等。

这种随着公式所在位置不同而改变单元格引用地址的方式被称为"相对引用"，相对引用的从属单元格与引用单元格的相对位置（行列距离）是保持不变的，这种特性极大地方便了公式在不同区域范围内的重复利用。

（2）绝对引用

当复制或填充公式到其他单元格时，Excel 保持公式所引用的单元格绝对位置不变，称为绝对引用。

例如，在 B2 单元格输入公式：=$A$2，则无论公式向右还是向下复制，都始终保持=$A$2 不变。

示例 8-1　使用相对引用和绝对引用调整岗位津贴

素材所在位置：

光盘：\素材\第 8 章 公式与函数\示例 8-1 使用相对引用和绝对引用调整岗位津贴.xlsx。

图 8-3 所示是某企业员工岗位津贴的部分内容，需要在现有基础上，根据 E2 单元格中的上调金额，计算调整后的岗位津贴。

图 8-3　上调岗位津贴

在 C2 单元格中输入以下公式，向下复制到 C10 单元格。

=B2+$E$2

由于每个员工的原有岗位津贴不同，所以 B 列数据使用相对引用，而上调金额标准所在单元格 E2 是固定的，因而使用绝对引用$E$2。

示例结束

（3）混合引用

当复制公式到其他单元格时，Excel 仅保持所引用单元格的行或者列方向之一的绝对位置不变，而另一个方向的位置发生改变，称为混合引用。混合引用又分为行相对、列绝对引用，以及行绝对、列相对引用。

例如，在 B2 单元格中输入公式：=$A2，则公式向右复制时始终保持为=$A2 不变，向下复制时行号发生改变，例如$A3、$A4……，即为行相对、列绝对引用。

为了便于理解，可以将符号"$"看成一把锁，列号A之前加上了"$"，相当于把列标"A"锁住，向右复制时，列号不会改变；向下复制时，由于行号之前没有使用绝对引用符号"$"，因而行号会变化递增为3、4……

虽然使用不同的引用方式可以通过手工输入"$"来进行设置，但较为烦琐。使用<F4>功能键，可以在4种引用类型中循环切换，其顺序如下。

绝对引用→行绝对列相对引用→行相对列绝对引用→相对引用

在A1单元格输入公式：=B2，依次按<F4>键后，引用方式变为：

$B$2→B$2→$B2→B2

3. 多单元格和区域的引用

如果需要对多个单元格或区域进行引用，通常会用到引用运算符。Excel中所定义的引用运算符有以下3类。

（1）区域运算符（冒号）：通过冒号连接前后两个单元格地址，表示引用一个矩形区域。冒号两端的两个单元格分别是引用区域的左上角和右下角单元格。

例如，B2:C6的引用区域为图8-4所示的矩形区域。

（2）联合运算符（逗号）：在函数参数中使用逗号连接前后多个单元格或区域，即表示引用多个区域共同所组成的联合区域。多个单元格或区域之间可以是连续的，也可以是相对独立的非连续区域。

图 8-4　B2:C6 的引用区域

图 8-5　联合区域

如图8-5所示，在D1单元格输入以下公式：

=SUM(A1:A10,C1:C10)

即表示对A1:A10与C1:C10两个区域所组成的联合区域进行求和运算，公式的计算结果为20。

（3）交叉运算符（空格）：通过空格连接前后两个单元格区域，表示引用这两个区域的重合部分。

图 8-6　交叉引用

如图 8-6 所示，在 D1 单元格中输入以下公式。

=SUM(B1:B10 A5:C6)

即表示对 B1:B10 和 A5:C6 的交叉区域，也就是 B5:B6 单元格进行求和运算，公式结果的计算为 2。此方法在实际应用中并不多见，仅了解即可。

8.2 Excel 函数的概念和结构

Excel 的工作表函数是由 Excel 内部预先定义并按照特定的顺序和结构来执行计算、分析等数据处理任务的功能模块。Excel 函数具有唯一的名称且不区分大小写，每个函数都有特定的功能和用途。

8.2.1 函数的结构

在公式中使用函数时，通常由表示公式开始的等号、函数名称、左括号、以半角逗号相间隔的参数和右括号构成。此外，公式中允许使用多个函数或计算式，使用运算符进行连接。

部分函数允许多个参数，如 SUM(A1:A10,C1:C10) 使用了两个参数。另外，也有一些函数没有参数或可省略参数，如 NOW 函数、RAND 函数和 PI 函数等没有参数，仅由等号、函数名称和一对括号组成。

ROW 函数、COLUMN 函数用于返回参数单元格的行号或列号，如果参数省略，则返回公式所在单元格的行号、列标数字。

函数的参数由数值、日期和文本等元素组成，可以使用常量、数组、单元格引用或其他函数。当使用函数作为另一个函数的参数时，称为嵌套函数。

图 8-7 函数的结构

图 8-7 所示的是常见的使用 IF 函数判断正数、负数和零的公式，其中，第 2 个 IF 函数是第 1 个 IF 函数的嵌套函数。

8.2.2 可选参数与必需参数

一些函数可以仅使用其部分参数，例如 SUM 函数可支持 255 个参数，其中第 1 个参数为必需参数不能省略，而第 2 个至第 255 个参数都可以根据需要选择是否省略。在函数语法中，可选参数一般用一对方括号 "[ ]" 包含起来，当函数有多个可选参数时，可从右向左依次省略参数，如图 8-8 所示。

图 8-8 SUM 函数的帮助文件

此外，在公式中有些参数可以省略参数的值，仅在前一参数后使用逗号来保留参数的位置，这种方式称为 "省略参数的值" 或 "简写"，常用于代替逻辑值 FALSE、数值 0 或空文本等参数值。

8.2.3 | 函数的作用与分类

函数具有简化公式、提高编辑效率的特点，可以执行使用其他方式无法实现的数据汇总任务。

某些简单的计算可以通过自行设计的公式完成，例如，可以使用以下公式对 A1:A3 单元格求和：

=A1+A2+A3

但如果要对 A1～A100 或者更大范围的单元格区域求和，逐个单元格相加的做法将变得无比繁杂、低效，而且容易出错。使用 SUM 函数可以大大简化这些公式，使之更易于输入、查错和修改，以下公式可以得到 A1～A100 单元格的和。

=SUM(A1:A100)

其中，SUM 是求和函数，A1:A100 是需要求和的区域，表示对 A1:A100 单元格区域执行求和计算。可以根据实际数据情况，将求和区域写成多行多列的单元格区域引用。

此外，有些函数的功能是自编公式无法完成的，例如，使用 RAND 函数，可以产生大于等于 0 并且小于 1 的随机值。

使用函数公式对数据汇总，相当于在数据之间搭建了一个关系模型，当数据源中的数据发生变化时，无需对函数公式再次编辑，即可实时得到最新的计算结果。同时，可以将已有的函数公式快速应用到具有相同数据结构和运算规则的新数据源中。

在 Excel 函数中，根据来源的不同可将函数分为以下 4 类。

（1）内置函数

只要启动了 Excel 就可以使用的函数，内置函数是使用最为广泛的一类函数，也是本章重点学习的内容。

（2）扩展函数

必须通过加载宏才能正常使用的函数。例如，EDATE 函数、EOMONTH 函数等在 Excel 2003 版本中使用时必须先加载"分析工具库"，自 Excel 2007 版本开始，它们已转为内置函数，可以直接调用。

（3）自定义函数

使用 VBA 代码进行编制并实现特定功能的函数，这类函数存放于 VB 编辑器的"模块"中。

（4）宏表函数

宏表函数是早期的 Excel 4.0 函数，需要通过定义名称或在宏表中使用，其中多数函数已逐步被内置函数和 VBA 功能所替代。

自 Excel 2007 版开始，需要将包含有自定义函数或宏表函数的文件保存为"启用宏的工作簿(.xlsm)"或"二进制工作簿(.xlsb)"，并在首次打开文件后需要单击【宏已被禁用】安全警告对话框中的【启用内容】按钮，否则宏表函数将不可用。

根据函数的功能和应用领域，内置函数类型如下。

文本函数、信息函数、逻辑函数、查找和引用函数、日期和时间函数、统计函数、数学和三角函数、财务函数、工程函数、多维数据集函数和兼容性函数等。

在实际应用中，函数的功能被不断开发挖掘，不同类型函数能够解决的问题也不仅仅局限于某个类型。函数的灵活性和多变性，也正是学习函数公式的乐趣所在。

Excel 2010 中的内置函数有 300 多个，但是这些函数并不需要全部学习，掌握使用频率较高的几十个函数以及这些函数的组合嵌套使用；就可以完成工作中的大部分任务。

8.2.4 | 函数的输入与编辑

熟悉输入、编辑函数的方法，同时善于利用帮助文件查看函数的使用规则，有助于对函数的学习和理解。

1. 使用"自动求和"按钮插入函数

许多用户都是从"自动求和"功能开始接触函数和公式的，在【公式】选项卡下有一个图标为 Σ 的【自动求和】按钮，在【开始】选项卡【编辑】命令组中也有此按钮，如图 8-9 所示。

默认情况下，单击【自动求和】按钮或者按<Alt+=>组合键将插入用于求和的 SUM 函数。单击【自动求和】按钮右侧的下拉按钮，在下拉列表中包括求和、平均值、计数、最大值、最小值和其他函数 6 个选项，如图 8-10 所示。

图 8-9　自动求和按钮

图 8-10　自动求和按钮选项

单击"其他函数"之外的 5 个按钮时，Excel 将智能地根据所选取单元格区域和数据情况，自动选择公式统计的单元格范围，以实现快捷输入。

如图 8-11 所示，选中 B2:E11 单元格区域，单击【公式】选项卡下的【自动求和】按钮，或是按<Alt+=>组合键，Excel 将对该区域的每一行和每一列数据分别进行求和。

图 8-11　对多行多列同时求和

在下拉列表中单击【其他函数】按钮时，将打开【插入函数】对话框，用户可以在该对话框中选择更多的函数类型，如图 8-12 所示。

图 8-12　插入函数对话框

2. 使用"插入函数"向导搜索函数

用户可以使用"插入函数"向导选择或搜索所需函数，以下 2 种常用方法均可打开"插入函数"对话框。

（1）单击【公式】选项卡上的【插入函数】按钮，如图 8-13 所示。

（2）单击编辑栏左侧的【插入函数】按钮，如图 8-14 所示。

图 8-13　【插入函数】按钮

图 8-14　【插入函数】按钮

如图 8-15 所示，在【搜索函数】编辑框中输入关键字"最小值"，单击【转到】按钮，对话框中将显示"推荐"的函数列表，选择需要使用的函数后，单击【确定】按钮，即可插入该函数并切换到【函数参数】对话框。

图 8-15　搜索函数

【函数参数】对话框主要由函数名、参数编辑框、函数简介及参数说明和计算结果等几部分组成。参数编辑框内允许直接输入参数，或是单击右侧折叠按钮以选取单元格区域，编辑框右侧将实时显示输入参数的值，如图 8-16 所示。

图 8-16　函数参数对话框

3. 手工输入函数

Excel 2010 中有"公式记忆式键入"功能，用户输入公式时可以出现备选列表，帮助用户自动完成公式。如果知道所需函数名的全部或开头部分字母，则可直接在单元格或编辑栏中手工输入函数。

当用户编辑或输入公式时，Excel 会自动显示以输入的字符开头的函数，或已定义的名称、"表格"名称以及"表格"的相关字段名下拉列表。

例如，在单元格中输入"=SU"后，Excel 将自动显示所有以"SU"开头的函数名称扩展下拉菜单。在扩展下拉菜单中移动上、下方向键或鼠标选择不同的函数，其右侧将显示该函数功能提示。双击鼠标或者按<Tab>键可将此函数添加到当前的编辑位置，既提高了输入效率，又确保输入函数名称的准确性。

随着进一步输入，扩展下拉菜单将逐步缩小范围，如图 8-17 所示。

图 8-17　公式记忆式键入

在单元格中或编辑栏中编辑公式时，当用户正确完整地输入函数名称及左括号后，在编辑位置附近会自动出现悬浮的【函数屏幕提示】工具条，可以帮助用户了解函数语法中参数名称、可选参数或必需参数等，如图 8-18 所示。

提示信息中包含了当前输入的函数名称及完成此函数所需要的参数，并对当前指针所在位置的参数加粗字体显示。如果公式中已经填入了函数参数，单击【函数屏幕提示】工具条中的某个参数名称时，编辑栏中会自动选择该参数所在部分，并以黑色背景突出显示，如图 8-19 所示。

图 8-18　手工输入函数时的提示信息

图 8-19　快速选择函数参数

8.2.5　检查函数出错原因

在使用函数公式完成计算后，需要对计算结果进行必要的验证。如果计算结果和预期结果不符，就要检查公式运算是否存在逻辑错误或是检查函数参数的设置是否有误。通常情况下，可以借助<F9>键分步查看运算结果，或是通过查看 Excel 帮助文件来检查函数的参数设置是否正确。

1. 使用<F9>键查看运算结果

素材所在位置：

光盘：\素材\第 8 章 公式与函数\ 8.2.5 使用 F9 键查看运算结果.xlsx。

在公式编辑状态下，选择全部公式或其中的某一部分，按<F9>键可以单独计算并显示该部分公式的运算结果。选择公式段时，必须包含一个完整的运算对象，例如，选择一个函数时，则必须选中整个函数名称、左括号、参数和右括号，选择一段计算式时，要包含该计算式的所有的组成元素。

如图 8-20 所示，在编辑栏选中"C2:C8"部分，按下<F9>键之后，将显示出 C2:C8 单元格中的每个元素。

图 8-20 按<F9>键查看部分运算结果

按<F9>键计算时，对空单元格的引用将识别为数值 0。查看完毕，可以按<Esc>键恢复原状，也可以单击编辑栏左侧的【取消】按钮。

2. 通过帮助文件理解 Excel 函数

如果单击【函数屏幕提示】工具条上的函数名称，将打开【Excel 帮助】对话框，快速获取该函数的帮助信息，如图 8-21 所示。

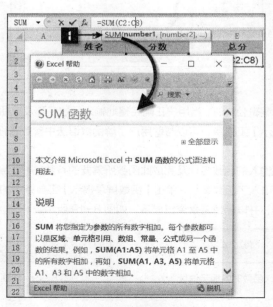

图 8-21 获取函数帮助信息

帮助文件中包括函数的说明、语法、参数以及简单的函数示例。尽管帮助文件中的函数说明有些还不够透彻，甚至有部分描述是错误的，但仍然不失为学习函数公式的好帮手。

除了单击【函数屏幕提示】工具条上的函数名称，使用以下方法也可以打开【Excel 帮助】对话框。

（1）在公式中输入函数名称后按<F1>键，将打开关于该函数的帮助文件。

（2）在【插入函数】对话框中，单击选中函数名称，再单击右下角的【有关该函数的帮助】，将打开关于该函数的帮助文件，如图 8-22 所示。

（3）直接按<F1>键，或是单击工作表窗口右上角的 ❓ 图标，将会打开【Excel 帮助】对话框，在搜索框中输入关键字，单击【搜索】按钮，即可显示与之有关的函数，单击函数名称，将打开关于该函数的帮助文件，如图 8-23 所示。

图 8-22　在【插入函数】对话框中打开帮助文件　　　　图 8-23　在【Excel 帮助】对话框中搜索关键字

8.2.6　函数的自动重算和手动重算

Excel 工作簿中的公式运算方式默认为自动重算，当用户对单元格数据进行编辑时，公式会执行重新计算得到最新的计算结果。

当工作簿中使用了大量公式时，在录入数据期间因不断地重新计算会导致系统运行缓慢。通过设置 Excel 重新计算公式的时间和方式，可以避免不必要的公式重算，减少对系统资源的占用，设置方式如下。

如图 8-24 所示，在【Excel 选项】对话框的【公式】选项卡的【计算选项】区域中，单击【手动重算】单选钮，并根据需要勾选或取消【保存工作簿前重新计算】复选框，单击【确定】按钮退出对话框。

此外，单击【公式】选项卡【计算选项】下拉按钮，在下拉菜单中单击【手动】命令，也可以更改公式的运算方式为【手动重算】，如图 8-25 所示。

当工作簿设置为手动重算时，可以按<F9>功能键重新计算所有打开的工作簿中的公式。

图 8-24 【Excel 选项】设置手动计算选项

图 8-25 公式选项卡设置计算选项

8.3 认识名称

素材所在位置：
光盘：\素材\第 8 章 公式与函数\ 8.3 认识名称.xlsx。

认识名称

如图 8-26 所示，C11 单元格中的总分计算公式并没有使用函数或是单元格引用，而仅仅使用了"=汇总"，这里的"汇总"就是自定义的名称。

8.3.1 名称的概念

名称是一类较为特殊的公式，多数名称是由用户预先自行定义，但不存储在单元格中的公式。也有部分名称可以在创建表格、设置打印区域等操作时自动产生。

名称也是以等号"="开头，组成元素可以是常量数据、常量数组、单元格引用或是函数公式等，已定义的名称可以在其他名称或公式中调用。

创建名称可以通过模块化的调用，使公式变得更加简洁。在高级图表制作时，创建名称可以生成动态的数据源，是制作动态图表时必要的步骤之一。

部分宏表类函数不能在工作表中直接使用，也需要先定义为名称才能应用到公式中。

图 8-26 使用自定义名称

8.3.2 创建名称

素材所在位置：
光盘：\素材\第 8 章 公式与函数\ 8.3.2 创建名称.xlsx。

以下 4 种方式都可以创建名称。

方法1 使用【定义名称】命令创建名称。

单击【公式】选项卡下的【定义名称】按钮，将会弹出【新建名称】对话框。在【新建名称】对话框中对名称命名。单击【范围】右侧的下拉按钮，能够将定义名称指定为工作簿范围或是某个工作表范围。在【备注】文本框内可以添加注释，以便使用者理解名称的用途。

在【引用位置】编辑框中，可以直接输入公式，也可以单击右侧的折叠按钮选择单元格区域作为引用位置。最后单击【确定】按钮完成设置，如图 8-27 所示。

图 8-27 定义名称

方法2 使用名称管理器新建名称。

单击【公式】选项卡下的【名称管理器】命令按钮，在弹出的【名称管理器】对话框中，单击【新建】按钮，将会弹出【新建名称】对话框。之后的设置步骤与方法 1 相同，如图 8-28 所示。

图 8-28 使用名称管理器新建名称

方法3 使用名称框定义名称。

如图 8-29 所示，选中 B2:B10 单元格区域，将指针定位到【名称框】内，输入自定义名称"姓名"，然后按<Enter>键，即可将 B2:B10 单元格区域定义名称为"姓名"。

方法 4 根据所选内容创建名称。

如图 8-30 所示，选中 B1:B10 单元格区域，依次单击【公式】→【根据所选内容创建】命令按钮，在弹出的【以选中区域创建名称】对话框中，可以指定要以哪个区域的值来命名自定义名称。保持"首行"的勾选，单击【确定】按钮，可将 B2:B10 单元格区域名称定义为"姓名"。

图 8-29　使用名称框创建名称

图 8-30　根据所选内容创建名称

8.3.3　名称的级别

根据作用范围的不同，Excel 的名称可分为工作簿级名称和工作表级名称。默认情况下，新建的名称作用范围均为工作簿级，作用范围涵盖整个工作簿。如果要创建作用于某个工作表的局部名称，可以在新建名称时，在【新建名称】对话框的【范围】下拉菜单中选择指定的工作表，如图 8-31 所示。

图 8-31　选择名称作用范围

8.3.4　在公式中使用名称

素材所在位置：
光盘：\素材\第 8 章　公式与函数\ 8.3.4 在公式中使用名称.xlsx。

需要在公式中调用已定义的名称时，可以在【公式】选项卡中单击【用于公式】下拉按钮，在下拉列表中选择相应的名称，如图 8-32 所示。

图 8-32　公式中调用名称

也可以在公式编辑状态下手工输入，已定义的名称将出现在"公式记忆式键入"列表中。如图 8-33 所示，工作簿中定义了 C2:C10 单元格区域为"成绩"，在单元格输入其开头字符"成"，该名称即出现在"公式记忆式键入"列表中。

如果某个单元格或区域中设置了名称，在输入公式过程中，使用鼠标选择该区域作为需要插入的引用时，Excel 会自动将该单元格或区域的地址变成自定义的名称，如图 8-34 所示。

图 8-33　公式记忆式键入
列表中的名称

图 8-34　Excel 自动应用名称

Excel 没有提供关闭该功能的选项，如果需要在公式中使用常规的单元格或区域引用，则需要手工输入单元格或区域的地址。

示例 8-2　计算文本算式

素材所在位置：
光盘：\素材\第 8 章 公式与函数\示例 8-2 计算文本算式.xlsx。

图 8-35 所示是某零配件加工单位录入的零件规格，需要计算出对应的结果，以方便结算。

操作步骤如下。

步骤1　选中要计算结果的 C2 单元格，依次单击【公式】→【定义名称】，在弹出的【新建名称】对话框中，单击【名称】编辑框，输入"计算文本"。在引用位置编辑框中输入以下公式，单击【确定】按钮，如图 8-36 所示。

=EVALUATE(Sheet1!B2)

步骤2　在 C2 单元格中输入以下公式，向下复制到 C9 单元格，计算结果如图 8-37 所示。

=计算文本

	A	B	C
1	客户名	规格	计算结果
2	韩紫语	5*2+2*1.3	
3	安佑吟	2.2*5+16	
4	燕如生	3*2+1*1.4	
5	殷原习	6*1+2.1*6	
6	沈傲秋	8*6+6/2	
7	柳千佑	2*4+3*2	
8	左让羽	9*2.15*3	
9	安呈旭	3.15*2*2	

图 8-35　计算文本算式

图 8-36　新建名称

C2		fx	=计算文本
	A	B	C
1	客户名	规格	计算结果
2	韩紫语	5*2+2*1.3	13
3	安佑吟	2.2*5+16	27
4	燕如生	3*2+1*1.4	7
5	殷原习	6*1+2.1*6	19
6	沈傲秋	8*6+6/2	51
7	柳千佑	2*4+3*2	14
8	左让羽	9*2.15*3	58
9	安呈旭	3.15*2*2	13

图 8-37　计算结果

步骤3 按<F12>键，将文件另存为"Excel 启用宏的工作簿（.xlsm）"。

EVALUATE 函数是宏表类函数，能够对以文字表示的公式或表达式求值。该函数不能在单元格中直接使用，需要使用自定义名称的方法间接调用。

提示

宏表是 VBA 的前身。在早期 Excel 版本中没有 VBA 功能，需要通过宏表实现一些特殊功能。1993 年，Microsoft Office Excel 5.0 中首次引入了 Visual Basic，并逐渐形成了我们现在所熟知的 VBA。

经过多年的发展，VBA 已经可以完全取代宏表，成为 Microsoft Office Excel 二次开发的主要语言，但出于兼容性和便捷性，在 Microsoft Office Excel 5.0 及以后的版本中一直还保留着宏表功能。

示例结束

8.3.5 | 编辑和删除已有名称

素材所在位置：
光盘：\素材\第 8 章 公式与函数\ 8.3.5 编辑和删除已有名称.xlsx.

用户可以对已经定义名称的引用范围以及名称中使用的公式进行修改，也可以重命名已有的名称。依次单击【公式】→【名称管理器】，或是按<Ctrl+F3>组合键，在弹出的【名称管理器】对话框中选中定义的名称，在引用位置编辑框中修改引用的单元格地址或是公式后，单击左侧的确认按钮☑，最后单击【关闭】按钮，如图 8-38 所示。

图 8-38　编辑名称 1

也可以在【名称管理器】中选中定义的名称，然后单击【编辑】按钮，打开【编辑名称】对话框。重命名名称或是修改引用位置后，单击【确定】按钮，最后单击【关闭】按钮，关闭【名称管理器】，如图 8-39 所示。

图 8-39　编辑名称 2

如需删除已定义的名称，可以在名称管理器中选中定义的名称，然后单击【删除】按钮即可。

8.3.6 使用名称的注意事项

一般情况下，命名的原则应有具体含义且便于记忆，并且能尽量直观地体现所引用数据或公式的含义，避免使用可能产生歧义的名称。

名称作为公式的一种存在形式，同样受函数与公式关于嵌套层数、参数个数和计算精度等方面的限制。除此之外，还应遵守以下规则。

（1）名称的命名可以用任意字母与数字组合在一起，但不能以纯数字命名或以数字开头，如"1Pic"将不被允许。

（2）因为字母 R、C 在 R1C1 引用样式中表示工作表的行、列，所以除了 R、C、r、c 以外，其他单个字母均可作为名称的命名。命名也不能与单元格地址相同，如"B3"和"D5"等。

（3）不能使用除下划线、点号和反斜线（\）、问号（？）以外的其他符号，使用问号（？）时不能作为名称的开头，如可以用"Name?"，但不可以用"?Name"。

（4）自定义名称的命名中不能包含空格，并且不区分大小写。如"DATA"与"Data"是相同的，Excel会按照定义时键入的命名进行保存，但在公式中使用时视为同一个名称。

8.4 认识数组和数组公式

8.4.1 理解数组

1. Excel 中数组的相关定义

在 Excel 函数与公式中，数组是指按一行、一列或多行多列排列的一组数据元素的集合。数据元素可以是数值、文本、日期、逻辑值和错误值等。

数组的维度是指数组的行列方向，一行多列的数组为横向数组，一列多行的数组为纵向数组。多行多列的数组则同时拥有纵向和横向两个维度。

数组的维数是指数组中不同维度的个数。只有一行或一列的数组，统称为一维数组；多行多列拥有两个维度的数组称为二维数组。

数组的尺寸是以数组各行各列上的元素个数来表示的，一行 N 列的一维横向数组的尺寸为 $1 \times N$，一列 N 行的一维纵向数组的尺寸为 $N \times 1$，M 行 N 列的二维数组的尺寸为 $M \times N$。

2. Excel 中数组的存在形式

按照存在形式，Excel 数组可以分为常量数组、区域数组、内存数组和命名数组等。

（1）常量数组

常量数组是指直接在公式中写入数组元素，并用大括号"{}"在首尾进行标识的字符串表达式。常量数组不依赖单元格区域，可以直接参与公式的计算。

常量数组的组成元素只能为常量元素，不能是函数、公式和单元格引用。其中，文本型常量元素必须用半角双引号""""将首尾标识出来。例如，{"excel","word",2008,521}。

（2）区域数组

区域数组实际上就是公式中对单元格区域的直接引用，以下公式中的 A1:A9 和 B1:B9 都是区域数组。

```
=SUMPRODUCT(A1:A9*B1:B9)
```

（3）内存数组

内存数组是指通过公式计算，返回的多个结果值在内存中临时构成的数组。内存数组不需要存储到单元格区域中，可作为一个整体直接嵌套到其他公式中继续参与运算。例如，使用以下公式计算 A1:A9 单元格区域中最小的 3 个数值之和。

```
=SUM(SMALL(A1:A9,{1,2,3}))
```

该公式中，SMALL 函数的参数{1,2,3}是常量数组，计算结果为 A1:A9 单元格区域中最小的 3 个值构成的内存数组，SMALL 函数的计算结果再用作 SUM 函数的参数。

（4）命名数组

命名数组是使用命名公式（即名称）定义的一个常量数组、区域数组或内存数组，该名称可在公式中作为数组来调用。在数据有效性和条件格式的自定义公式中，不接受常量数组，但可以使用命名数组。

8.4.2 认识数组公式

数组公式不同于普通公式，它是通过按<Ctrl+Shift+Enter>组合键完成编辑的特殊公式。作为数组公式的标识，Excel 会自动在数组公式的首尾添加大括号"{ }"。数组公式的实质是单元格公式的一种书写形式，用来显式地通知 Excel 计算引擎对其执行多项计算。

多项计算是对公式中有对应关系的数组元素同时分别执行相关计算的过程。

但是，并非所有执行多项计算的公式都必须以数组公式的输入方式来完成编辑。在部分函数中，不需要使用数组公式就能自动执行多项计算，例如，SUMPRODUCT 函数和 LOOKUP 函数等。

注意

为便于识别，本书中所有数组公式的首尾均使用大括号"{ }"包含。在 Excel 中实际输入时，大括号应在编辑完成后按<Ctrl+Shift+Enter>组合键自动生成，如果手工输入，Excel 会将其识别为文本字符，而无法当作公式正确运算。

1. 多单元格数组公式

在单个单元格中使用数组公式进行多项计算后，有时可以返回一组运算结果，但单元格中只能显示单个值（通常是结果数组中的首个元素），而无法显示全部运算结果。使用多单元格数组公式，则可以将结果数组中的每一个元素分别显示在不同的单元格中。

示例 8-3　多单元格数组公式计算销售额

素材所在位置：

光盘：\素材\第 8 章　公式与函数\示例 8-3　多单元格数组公式计算销售额.xlsx。

图 8-40 所示为某超市销售记录表的部分内容，需要以 D2:D9 的单价乘以 E2:E9 的数量，计算出各商品的销售额。

	F2	▾		f_x {=D2:D9*E2:E9}		
▲	A	B	C	D	E	F
1	序号	日期	商品	单价	数量	销售额
2	1	2016/8/22	橡皮檫	2.5	17	42.50
3	6	2016/9/3	恒大冰泉	5	39	195.00
4	8	2016/9/10	画笔	5	29	145.00
5	4	2016/9/25	鲜橙多	3.5	6	21.00
6	7	2016/9/27	营养快线	5	26	130.00
7	5	2016/9/28	美年达	3	25	75.00
8	2	2016/10/2	可口可乐	2.5	35	87.50
9	3	2016/10/7	冰红茶	2	8	16.00

图 8-40　多单元格数组公式计算销售额

同时选中 F2:F9 单元格区域，在编辑栏输入以下公式（不包括两侧大括号），然后按<Ctrl+Shift+Enter>

组合键。

{ =D2:D9*E2:E9 }

这种在多个单元格使用同一公式，并按<Ctrl+Shift+Enter>组合键结束编辑的公式，被称为"多单元格数组公式"。

此公式将多种商品的单价分别乘以各自的销售数量，获得一个内存数组{42.5;195;145;21;130;75;87.5;16}，并将其在 F3:F10 单元格区域中显示出来。

 注意

多单元格数组公式的编辑有一定限制，用户不能单独移动或删除公式区域中某一部分单元格，也不能单独改变公式区域中某一部分单元格的内容。如需修改或删除多单元格数组公式，需要选择公式所在单元格或区域，按<F2>键进入编辑模式，修改或删除公式内容后，按<Ctrl+Shift+Enter>组合键结束编辑。

示例结束

2. 单个单元格数组公式

单个单元格数组公式是指在单个单元格中进行多项计算并返回单一值的数组公式，是实际应用中最常见的一类数组公式。

示例 8-4　单个单元格数组公式

素材所在位置：

光盘：\素材\第 8 章　公式与函数\示例 8-4　单个单元格数组公式.xlsx。

沿用示例 8-3 的销售数据，可以使用单个单元格数组公式直接统计出所有商品的总销售额。如图 8-41 所示，在 F11 单元格中使用以下数组公式，按<Ctrl+Shift+Enter>组合键。

{ =SUM(D2:D9*E2:E9) }

F11			f_x	{=SUM(D2:D9*E2:E9)}		
	A	B	C	D	E	F
1	序号	销售员	饮品	单价	数量	销售额
2	1	任继先	可乐	2.5	85	212.5
3	2	陈尚武	雪碧	2.5	35	87.5
4	3	李光明	冰红茶	2	60	120
5	4	李厚辉	鲜橙多	3.5	45	157.5
6	5	毕淑华	美年达	3	40	120
7	6	赵会芳	农夫山泉	2	80	160
8	7	赖群毅	营养快线	5	25	125
9	8	李从林	原味绿茶	3	35	105
10						
11					销售额合计	1087.5

图 8-41　单个单元格数组公式

该公式先将各商品的单价和销量分别相乘，然后使用 SUM 函数汇总求和数组中的所有元素，得到销售总额。

由于 SUM 函数不直接支持多项运算，所以该公式必须以数组公式的形式按<Ctrl+Shift+Enter>组合键输入，显式通知 Excel 执行多项运算。

示例结束

8.5 信息与逻辑函数的应用

逻辑函数可以对数据进行相应的判断，例如判断真假值，或者进行复合检验。在实际工作中，此类函数与其他函数嵌套应用，能够在更为广泛的领域完成复杂的逻辑判断。

8.5.1 IF 函数判断条件真假

IF 函数的第一参数为计算结果可能为 TRUE 或 FALSE 的任意值或表达式。该函数能够根据第一参数指定的条件来判断其真或假，从而返回预先定义的内容。

示例 8-5　IF 函数评定考试成绩

素材所在位置：

光盘：\素材\第 8 章 公式与函数\示例 8-5 IF 函数评定考试成绩.xlsx。

if 函数评定考试成绩

图 8-42 所示为一份考试成绩表，需要根据成绩进行考评。成绩大于等于 60 分为及格，成绩大于 90 分为优秀，其他为不及格。在 C2 单元格中输入以下公式，可以得到与成绩对应的考评结果。

```
=IF(B2>90,"优秀",IF(B2>=60,"及格","不及格"))
```

	A	B	C
1	姓名	成绩	考评
2	李琼华	66	及格
3	石红	37	不及格
4	王明芳	52	不及格
5	刘莉芳	98	优秀
6	杜玉才	77	及格
7	陈琪珍	100	优秀
8	邓薇	43	不及格
9	吴怡	45	不及格
10	朱莲芬	92	优秀
11	邬永忠	81	及格
12	周光明	97	优秀
13	舒前银	68	及格
14	刘魁	84	及格

图 8-42　IF 函数评定考试成绩

IF 函数首先判断 B2 单元格的值是否大于 90，如果符合条件则返回指定内容"优秀"。如果不满足该条件，继续判断 B2 单元格的值是否大于等于 60，满足条件返回"及格"。如果以上两个条件均不满足，则返回"不及格"。

注意

IF 函数最多可以嵌套 64 层关系式，用于构造复杂的判断条件进行综合评测。但在实际应用中，使用 IF 函数判断过多的条件，公式会非常的冗长，可以使用其他函数替代 IF 函数计算。

示例结束

8.5.2 逻辑函数与乘法、加法运算

AND 函数和 OR 函数分别对应两种常用的逻辑关系"与"和"或"。

对于 AND 函数，所有参数的逻辑值为真时返回 TRUE，只要有一个参数的逻辑值为假即返回 FALSE。

对于 OR 函数，只要有一个参数的逻辑值为真即返回 TRUE，只有所有参数的逻辑值都为假时，才返回 FALSE。

示例 8-6　判断订单是否符合包邮标准

素材所在位置：

光盘：\素材\第 8 章 公式与函数\示例 8-6 判断订单是否符合包邮标准.xlsx。

图 8-43 所示为某网店订单信息表的部分数据，根据规定，省内订单金额大于 50 元，省外订单金额大于 100 元可以包邮。现要求根据订单的收件地和金额，判断其是否符合包邮标准。

	A	B	C	D
1	订单号	收件地	订单金额	是否符合包邮标准
2	838063	省外	120	包邮
3	788168	省内	38	
4	831708	省内	72	包邮
5	885316	省内	38	
6	833496	省内	90	包邮
7	936878	省外	24	
8	893850	省外	130	包邮
9	788502	省内	40	
10	859742	省内	46	
11	863834	省内	82	包邮
12	836385	省内	61	包邮
13	883668	省内	46	
14	832526	省内	52	包邮

图 8-43　判断订单是否符合包邮标准

在 D2 单元格中输入以下公式，向下复制。

```
=IF(OR(AND(B2="省内",C2>50),AND(B2="省外",C2>100)),"包邮","")
```

公式中的"AND(B2="省内",C2>50)"和"AND(B2="省外",C2>100)"部分，分别对 B2 单元格的收件地和 C2 单元格的订单金额判断，是否符合"省内订单金额大于 50 元，省外订单金额大于 100 元"的条件，返回逻辑值 TRUE 或 FALSE。

OR 函数将两个 AND 函数的运算结果作为参数，其中任意一个 AND 函数的运算结果为 TRUE，即返回逻辑值 TRUE。

最后用 IF 函数判断，如果逻辑值为 TRUE，返回"包邮"，否则返回空值。

使用以下公式，同样可以完成是否符合包邮标准的判断。

```
=IF((B2="省内")*(C2>50)+(B2="省外")*(C2>100),"包邮","")
```

该公式中，使用乘法代替了 AND 函数，使用加法代替了 OR 函数。这是因为在数学运算中，TRUE 等同于 1，FALSE 等同于 0。在乘法运算中，只要有一个值为 0，结果即为 0。而在只有 0（FALSE）和 1（TRUE）构成的加法运算中，只要有一个 1，结果即大于 0。最后在逻辑判断中，0 的判断结果为 FALSE，而所有非 0 的数值（无论正数、负数、整数和小数等）其判断结果都为 TRUE。

需要注意的是，AND 函数和 OR 函数的运算结果只能是单值，而不能返回数组结果，因此当逻辑运算需要返回多个结果时，必须使用数组间的乘法、加法运算。

示例结束

8.5.3　屏蔽函数公式返回的错误值

在函数公式的应用中，经常会由于多种原因而返回错误值，为了使表格更加美观，往往需要屏蔽这些错误值的显示。Excel 提供了用于屏蔽错误值的 IFERROR 函数，该函数的作用是：如果公式的计算结果为错误值，则返回指定的值，否则返回公式的结果。第一参数是用于检查错误值的公式，第二参数是公式计算结果为错误值时要返回的值。

示例 8-7　屏蔽错误值的显示

素材所在位置：

光盘：\素材\第 8 章　公式与函数\示例 8-7　屏蔽函数公式返回错误值.xlsx。

如图 8-44 所示，E2 单元格使用 VLOOKUP 函数查询 D2 单元格姓名的考试成绩。

`=IFERROR(VLOOKUP(D2,A2:B8,2,),"无对应信息")`

图 8-44　屏蔽函数公式返回的错误值

由于在查找区域中找不到"杨威利"，VLOOKUP 函数将返回错误值#N/A，此时使用 IFERROR 函数返回字符串"无对应信息"，而不是错误值#N/A。

示例结束

8.5.4 | 常用的 IS 类信息函数

Excel 提供了多种以 IS 开头的信息类函数，主要用来判断数据类型、奇偶性、空单元格和错误值等。

例如，ISODD 函数和 ISEVEN 函数能够分别判断数字的奇偶性，ISERROR 可以用来判断参数是否为错误值等。

示例 8-8　统计指定班级的考试人数

素材所在位置：

光盘：\素材\第 8 章　公式与函数\示例 8-8　统计指定班级的考试人数.xlsx。

图 8-45 所示为某校考试情况表，C 列的考试情况包括考试成绩和一些备注说明。要求统计二班参加考试的实际人数，也就是符合 C 列班级为二班，并且 D 列考试情况为数值的个数。

	A	B	C	D	E	F
	考号	姓名	班级	考试情况		二班实际考试人数
2	01120054	张进江	二班	88		6
3	01120016	范承云	一班	87		
4	01110071	刘永岗	一班	缺考		
5	01110199	李菊莲	三班	85		
6	01120181	张义	二班	95		
7	01120085	余咏梅	三班	缺考		
8	01120181	毛淑芳	二班	83		
9	01110124	郭立好	二班	89		
10	01120016	李继武	二班	91		
11	01120084	李桂芬	三班	缺考		
12	01021171	罗云贵	二班	94		
13	01120056	罗正常	二班	95		
14	01030230	杜永兴	二班	缺考		
15	01120096	康凯	三班	缺考		
16	01030146	赵亚萍	三班	88		

公式栏：F2 `=SUMPRODUCT((C2:C16="二班")*ISNUMBER(D2:D16))`

图 8-45　考试情况表

可以使用以下公式完成计算。

```
=SUMPRODUCT((C2:C16="二班")*ISNUMBER(D2:D16))
```

公式中包含两个条件,(C2:C16="二班")部分,使用等式判断 C2:C16 单元格区域是否等于指定班级"二班"。ISNUMBER(D2:D16)部分,使用 ISNUMBER 函数判断 D2:D16 单元格区域的值是否为数值,最后使用 SUMPRODUCT 函数计算出符合两个条件的个数。

示例结束

8.6 文本类函数的应用

文本型数据主要是指员工姓名、部门名称、公司名称和英文单词等字符串。对文本型数据进行合并、提取、查找、替换以及格式化,是数据整理过程中较为常见的问题。Excel 对此提供了分列、查找与替换、单元格格式设置等功能,但函数公式在此类问题上的处理会更加灵活自由,功能也更加丰富强大。

8.6.1 认识文本连接符

"&"符号的作用是连接字符串,如果用户希望将多个字符串连接生成新的字符串,可以用"&"符号进行处理。

示例 8-9 合并多个单元格内容

素材所在位置:
光盘:\素材\第 8 章 公式与函数\示例 8-9 合并多个单元格内容.xlsx。

图 8-46 展示的是某学校学生的部分内容,需要将每个学生的信息合并到一个单元格内,形成完整的信息。

图 8-46 合并多个单元格内容

在 C2 单元格中输入以下公式,向下复制到 C9 单元格。

```
=A2&" "&B$1&" "&B2
```

公式中,使用"&"符号依次连接 A2 单元格的姓名、空格、B1 单元格的标题信息"准考证号"、空格和 B2 单元格的准考证号。其中,B1 单元格使用行绝对引用,即每一行的公式都引用 B1 单元格,使之形成一段完整的信息。

示例结束

8.6.2 全角字符和半角字符

全角字符是指一个字符占用两个标准字符位置的字符,又称为双字节字符。所有汉字均为双字节字符。

半角字符是指一个字符占用一个标准字符位置的字符，又称为单字节字符。

字符长度可以使用 LEN 函数和 LENB 函数统计。其中，LEN 函数对任意单个字符都按一个长度计算。LENB 函数则将单字节字符按一个长度计算，将双字节字符按两个长度计算。

例如，以下公式将返回 7，表示该字符串共有 7 个字符。

`=LEN("Excel之家")`

使用以下公式将返回 9，因为该字符串中的两个汉字"之家"占了 4 个字节长度。

`=LENB("Excel之家")`

8.6.3 字符串提取

字符串提取

在日常工作中，字符串提取的应用非常广泛。例如，从身份证号码中提取出生日期、从产品编号中提取字符来判断产品的类别等。常用于字符提取的函数主要包括 LEFT、RIGHT、MID 以及 LEFTB、RIGHTB、MIDB 函数等。

1. LEFT 函数的应用

LEFT 函数根据所指定的字符数，返回文本字符串中第一个字符或前几个字符，该函数的语法为：

`LEFT(text,[num_chars])`

第一参数 text，包含要提取字符的文本字符串。第二参数[num_chars]可选，指定要提取的字符的数量。如果第二参数省略，则默认提取第一参数最左侧的第一个字符。

示例 8-10　提取班级名称

素材所在位置：

光盘：\素材\第 8 章 公式与函数\示例 8-10 提取班级名称.xlsx。

如图 8-47 所示，A 列是班级和姓名的混合内容，需要提取出其中的班级名称。

混合内容中的班级名称位于字符串的左侧，且均由两个字组成，因此可以使用 LEFT 函数完成。在 B2 单元格中输入以下公式，向下复制到 B9 单元格。

`=LEFT(A2,2)`

公式的作用是返回 A2 单元格前两个字符。

图 8-47　提取班级名称

示例结束

LEFT 函数和其他函数嵌套搭配使用，如 LEN、LENB 函数等，可以解决更多的文本处理问题。

示例 8-11　提取混合内容中的姓名

素材所在位置：

光盘：\素材\第 8 章 公式与函数\示例 8-11 提取混合内容中的姓名.xlsx。

图 8-48 展示的是某企业员工通信录的一部分，A 列为员工姓名和电话号码的混合内容，需要在 B 列提取出员工姓名。

在本例中，A 列中的员工姓名部分的字符数不固定，因此不能直接按固定位数提取。

字符串中的姓名部分是双字节字符，而电话号码部分则是单字节字符。根据此规律，只要计算出 A 列单元格中的字符数和字节数之差，结果就是员工姓名的字符数。再从第一个字符开始，提取出相应数量的字符，结果即是员工的姓名。

图 8-48　提取混合内容中的姓名

在 B2 单元格输入以下公式，向下复制到 B9 单元格。

```
=LEFT(A2,LENB(A2)-LEN(A2))
```

LENB 函数将每个汉字（双字节字符）的字符数按 2 计数，LEN 函数则对所有的字符都按 1 计数。因此 "LENB(A2)-LEN(A2)" 返回的结果就是文本字符串中的汉字个数 3。

LEFT 函数返回 A2 单元格的前 3 个字符，最终提取出员工姓名。

示例结束

2. RIGHT 函数的应用

RIGHT 函数可以根据所指定的字符数，返回文本字符串中最后一个或多个字符，函数语法与 LEFT 函数类似。

示例 8-12　提取混合内容中的电话号码

素材所在位置：

光盘：\素材\第 8 章 公式与函数\示例 8-12 提取混合内容中的电话号码.xlsx。

如图 8-49 所示，A 列为员工姓名和电话号码的混合内容，需要在 C 列提取出其中的电话号码。

	A	B	C
1	姓名电话	提取姓名	提取电话
2	李梦颜83208980	李梦颜	83208980
3	庄梦蝶13512345678	庄梦蝶	13512345678
4	夏若冰664385	夏若冰	664385
5	文静婷88282610	文静婷	88282610
6	高云653295	高云	653295
7	许柯华13787654321	许柯华	13787654321
8	孟丽洁676665	孟丽洁	676665
9	江晟涵83209919	江晟涵	83209919

图 8-49　提取混合内容中的电话号码

在 C2 单元格中输入以下公式，向下复制到 C9 单元格。

```
=RIGHT(A2,LEN(A2)-(LENB(A2)-LEN(A2)))
```

公式中的 LENB(A2)-LEN(A2) 部分，用于计算出 A2 单元格的双字节字符个数，也就是中文的个数，结果为 3。

LEN(A2)-(LENB(A2)-LEN(A2)) 部分，是计算字符总数-中文个数，结果就是字符串中的数字个数，结果为 8。

因为数字在字符串的右侧，所以利用 RIGHT 函数返回 A2 单元格最后 8 个字符，提取出电话号码。

此公式也可以简化括号后使用：

```
=RIGHT(A2,LEN(A2)*2-LENB(A2))
```

示例结束

3. MID 函数的应用

MID 函数用于在字符串任意位置上返回指定数量的字符，函数语法为：

```
MID(text,start_num,num_chars)
```

第一参数是包含要提取字符的文本字符串，第二参数用于指定文本中要提取的第一个字符的位置，第三参数指定返回字符的个数。无论是单字节还是双字节字符，MID 函数始终将每个字符按 1 计数。

示例 8-13　提取身份证号码中的出生年月

素材所在位置：

光盘：\素材\第 8 章 公式与函数\示例 8-13 提取身份证号码中的出生年月.xlsx。

我国现行居民身份证号码是由 18 位数字组成的，其中第 7～14 位数字表示出生年月日：7～10 位是年，11～12 位是月，13～14 位是日。第 17 位是性别标识码，奇数为男，偶数为女。第 18 位数字是校检码。使用文本函数可以从身份证号码中提取出身份证持有人的出生日期、性别等信息。

图 8-50 展示了某公司员工信息表的部分内容，要求根据 B 列的身份证号码，提取持有人的出生年月。

	A	B	C
1	姓名	身份证号码	提取出生年月
2	李梦颜	330183199501204335	19950120
3	庄梦蝶	330183199511182426	19951118
4	夏若冰	330183198511234319	19851123
5	文静婷	341024199306184129	19930618
6	白茹云	330123199210104387	19921010
7	许柯华	330123199405174332	19940517
8	孟丽洁	330123199502214362	19950221
9	江晟涵	330123199509134319	19950913

图 8-50　提取身份证号码中的出生年月

在 C2 单元格中输入以下公式，向下复制到 C9 单元格，可提取出身份证号码中的出生年月。

```
=MID(B2,7,8)
```

MID 函数从 B2 单元格的第 7 个字符开始，截取长度为 8 的字符串。

注意

　　MID 函数及所有文本函数的计算结果均为文本类型数据，因而此处计算出的出生年月日并非真正的日期。

示例结束

8.6.4　查找字符

1．认识常用字符查找函数

从单元格中提取部分字符串时，提取的位置和提取的字符数量往往是不确定的，需要根据条件进行定位。使用 FIND 函数和 SEARCH 函数，以及用于双字节字符的 FINDB 函数和 SEARCHB 函数可以解决在字符串中的查找问题。

FIND 函数用于定位某一个字符（串）在指定字符串中的起始位置，结果以数字表示。如果在同一字符串中存在多个被查找的子字符串，则返回第一次出现的位置。如果查找字符（串）在源字符串中不存在，返回错误值#VALUE!。

FIND 函数的语法为：

```
FIND(find_text,within_text,[start_num])
```

第一参数是查找的文本。第二参数是包含要查找文本的源文本。第三参数可选，表示从指定第几个字符位置开始进行查找，如果该参数省略，默认为 1。

SEARCH 函数的语法与 FIND 函数类似。

SEARCH 函数和 FIND 函数的区别主要在于：FIND 函数区分字母大小写，并且不允许使用通配符；而 SEARCH 函数则不区分字母大小写，但是允许在参数中使用通配符。

当需要处理区分双字节字符时，可以使用 FINDB 和 SEARCHB 函数。这两个函数按 1 个双字节字符占两个位置计算，例如，以下两个公式都返回 5，两个汉字"学习"按 4 个字符位置计算。

```
=FINDB("EXCEL","学习 EXCEL")
=SEARCHB("EXCEL","学习 EXCEL")
```

2. 使用 FIND 函数实现数据查找

借助 FIND 函数可以定位某一个字符（串）在指定字符串中的起始位置的特性，可以使其和字符串提取函数搭配使用，方便获取目标数据。

示例 8-14　获取员工联系方式

素材所在位置：

光盘：\素材\第 8 章 公式与函数\示例 8-14 获取员工联系方式.xlsx。

图 8-51 是某公司部分员工混合信息，需要在 A 列的混合信息中提取出员工的联系方式。

图 8-51　提取员工联系方式

通过观察可以发现，A 列混合信息中每一个员工的联系方式之前都有一个冒号"："，因此本例也就是提取冒号"："之后的全部内容。

在 B2 单元格中输入以下公式，向下复制到 B9 单元格。

```
=MID(A2,FIND(":",A2)+1,99)
```

首先用 FIND 函数查找字符"："在 A2 单元格中的起始位置，返回的结果为 14。该结果作为 MID 函数要提取字符的位置，加 1 的目的是为了让 MID 函数能够从字符"："所在位置之后开始取值。

MID 函数从 A2 单元格第 15 个字符位置开始，提取字符长度为 99 的字符串。此处的 99 可以写成一个较大的任意数值，如果 MID 函数的第二参数加上第三参数超过了文本的长度，则 MID 函数只返回至多到文本末尾的字符。

示例结束

3. 使用通配符的字符查找

利用 SEARCHB 函数支持通配符并且可以区分双字节字符的特性，可以在单字节和双字节混合的内容中查找并提取指定的字符串。

示例 8-15　使用通配符的提取人员姓名

素材所在位置：

光盘：\素材\第 8 章 公式与函数\示例 8-15 使用通配符的提取人员姓名.xlsx。

如图 8-52 所示，A 列为姓名、手机号码和部门共同组成的数据，需要在 B 列中提取出人员姓名。

图 8-52　提取员工姓名

在 B2 单元格中输入以下公式，复制到 B5 单元格。

```
=LEFTB(A2,SEARCHB("?",A2)-1)
```

SEARCHB 函数使用通配符"？"作为查找值，用于匹配任意一个单字节字符，因此 SEARCHB 函数查找的结果就是 A2 单元格第一个单字节字符"1"的位置。SEARCHB 函数将一个汉字的字节长度计算为 2，字符"张进"的字节长度为 4，所以 SEARCHB 函数返回"1"的位置为 5。在此计算结果上，减去"1"的字节长度 1，即为"张进"字节的长度。

最后，使用 LEFTB 函数从左侧提取 4 个字节的长度，结果为"张进"。

示例结束

8.6.5 替换字符

1. 认识 SUBSTITUTE 函数

在 Excel 中，除了替换功能可以对字符进行批量的替换，使用 SUBSTITUTE 函数也可以将字符串中的部分或全部内容替换为新的字符串。该函数函数语法为：

```
SUBSTITUTE(text,old_text,new_text,[instance_num])
```

第一参数是需要替换其中字符的文本或是单元格引用。

第二参数是需要替换的文本。

第三参数是用于替换旧字符串的文本。

第四参数可选，指定要替换第几次出现的旧字符串。当第四参数省略时，源字符串中的所有与参数 old_text 相同的文本都将被替换。如果第四参数指定为 2，则只第 2 次出现的才会被替换。

SUBSTITUTE 函数区分大小写和全角/半角字符。此外，当第三参数为空文本或是省略该参数的值而仅保留参数之前的逗号时，相当于将需要替换的文本删除。例如，以下两个公式都返回字符串"Excel"：

```
=SUBSTITUTE("ExcelHome","Home","")
=SUBSTITUTE("ExcelHome","Home",)
```

2. 借助 SUBSTITUTE 函数隐藏部分数据

利用 SUBSTITUTE 函数可以将字符串中的部分或全部内容替换为新内容的特性，用户可以将字符串中的部分数据"隐藏"起来，或是替换为其他字符。

示例 8-16 隐藏手机号的中间 4 位

素材所在位置：

光盘：\素材\第 8 章 公式与函数\示例 8-16 隐藏手机号的中间 4 位.xlsx。

图 8-53 所示是某商场促销活动的中奖用户名单，为了保护用户隐私，需要对手机号的中间四位进行隐藏。

在 C2 单元格中输入以下公式，向下复制到 C9 单元格。

```
=SUBSTITUTE(B2,MID(B2,4,4),"****",1)
```

首先 MID 函数从 B2 单元格第 4 位开始，提取出 4 个字符"1234"，再使用 SUBSTITUTE 函数，将字符串"1234"替换为新的字符串"****"。

	A	B	C
1	姓名	手机号	隐藏中间四位
2	杜紫鹃	13812345678	138****5678
3	韩菲馨	13965432100	139****2100
4	江羽溪	13587654321	135****4321
5	林飞儒	13376543210	133****3210
6	谭莹莹	13001234567	130****4567
7	夏雪儿	13745678900	137****8900
8	杨若依	13100123456	131****3456
9	叶天成	13801010101	138****0101

图 8-53 隐藏手机号的中间 4 位

SUBSTITUTE 函数第四参数使用 1，表示只替换第 1 次出现的字符。如 B9 单元格中的手机号码"0101"出现了两次，SUBSTITUTE 函数只替换第一次出现的"0101"。

示例结束

3. 计算指定字符出现次数

如果需要计算指定字符在某个字符串中出现的次数，可以使用 SUBSTITUTE 函数将其全部删除，再通过计算删除前后字符长度的变化来完成。

素材所在位置：

光盘：\素材\第 8 章　公式与函数\示例 8-17 统计各部门的人数.xlsx。

图 8-54 所示为某单位各部门人员名单，需要统计各部门人员的个数。

| C2 | ▼ | _fx_ | =LEN(B2)-LEN(SUBSTITUTE(B2," , ",))+1 |

	A	B	C
1	部门	人员名单	人员数
2	财务部	陈世巧，和彦中，周婕，朵健	4
3	市场部	孙斌，张天云，杜玉学，田一枫，李春雷	5
4	IT部	李从林，张鹤翔，王丽卿	3
5	人力资源管理部	姓名，陆艳菲	2

图 8-54　统计各部门的人数

在 C2 单元格中输入以下公式，向下复制到 C5 单元格。

`=LEN(B2)-LEN(SUBSTITUTE(B2,"，",))+1`

先用 LEN(B2)计算出 B2 单元格中字符串的总长度等于 13。

再用 SUBSTITUTE(B2,"，",)将字符串中的"，"删除后，用 LEN 函数计算其字符长度等于 10。

用含有"，"的字符长度减去不含有"，"的字符长度，结果就是"，"的个数，加 1 后得到 B2 单元格的人员数。

8.6.6　格式化文本

Excel 的自定义数字格式功能可以将单元格中的数值显示为自定义的格式，而 TEXT 函数也具有类似的功能，可以将数值转换为按指定数字格式所表示的文本。

1. 认识 TEXT 函数

TEXT 函数的语法为：

`TEXT(value,format_text)`

参数 value 可以是数值型，也可以是文本型数字，参数 format_text 用于指定格式代码，与单元格数字格式中的大部分代码基本相同，但有少部分代码仅适用于自定义格式，不能在 TEXT 函数中使用，例如实现以某种颜色显示数值的效果。

除此之外，TEXT 函数和设置单元格的格式有以下区别。

（1）设置单元格的格式，仅仅是数字显示外观的改变，其实质仍然是数值本身，不影响进一步的汇总计算，即得到的是显示的效果。

（2）使用 TEXT 函数可以将数值转换为带格式的文本，其实质已经是文本，不再具有数值的特性，即得到的是实际的效果。

2. TEXT 条件区段的应用

与自定义格式代码类似，TEXT 函数的格式代码也分为 4 个条件区段，各区段之间以半角分号间隔，默认情况下，这 4 个区段的定义为：

`[>0];[<0];[=0];[文本]`

素材所在位置：

光盘：\素材\第 8 章 公式与函数\示例 8-18 根据生日日期制作提示信息.xlsx。

以图 8-55 所示数据为例，B 列为员工当前年份的生日日期，现在需要根据该日期在 C 列制作提示信息。如果本年的生日已过，则提示"已过"，如果当天恰好是生日，则提示"今天生日"，否则提示距离生日的天数。

在 C2 单元格中输入以下公式，并复制到 C8 单元格。

```
=TEXT(B2-TODAY(),"0天;已过;今天生日")
```

图 8-55　根据生日计算提示信息

B2-TODAY()计算出生日距离当日的天数，当生日大于当日时，结果为正数，当生日等于当日时，结果为 0，当生日小于当日时，结果为负数。

TEXT 函数第二参数包含了 3 个区段，用分号进行间隔，每个区段对应大于 0、小于 0 和等于 0 所需匹配的格式。

与自定义格式代码类似，TEXT 函数也可以使用自定义的条件作为判断区间。

素材所在位置：

光盘：\素材\第 8 章 公式与函数\示例 8-19 使用 TEXT 函数判断考评成绩.xlsx。

图 8-56 所示为某单位员工考核表的部分内容，需要根据考核分数进行评定。85 分以上为良好，60 分至 85 分为及格，小于等于 59 分则为不及格。

在 C2 单元格输入以下公式，向下复制到 C7 单元格。

图 8-56　判断考评成绩

```
=TEXT(B2,"[>85]良好;[>59]及格;不及格")
```

3. 使用 TEXT 函数处理不规范日期

在示例 8-13 中，使用 MID 函数直接提取的出生年月字符串，在 Excel 中无法正确识别为日期，只能作为文本字符串，如果需要转换为真正的日期值，除了使用 Excel 的"分列"功能外，也可以使用 TEXT 函数进行处理。

素材所在位置：

光盘：\素材\第 8 章 公式与函数\示例 8-20 转换出生年月.xlsx。

如图 8-57 所示，C 列是使用 MID 函数从身份证号码中提取出的出生年月，需要在 D 列中将 MID 函数提取出的字符串转换成真正的日期序列值。

在 D2 单元格中输入以下公式，向下复制到 D9 单元格，再设置 D2:D9 单元格区域的数字格式为日期即可。

```
=1*TEXT(C2,"0-00-00")
```

图 8-57　转换出生年月

TEXT 函数使用格式代码"0-00-00"，将 C2 单元格的字符串 19950120 转换为具有日期样式的字符串"1995-01-20"。此时的计算结果仅仅具有了日期的外观，还不是真正的日期，最后用乘 1 的方法转换为日期序列值。

4. 按某个字符将数据拆分为多列

示例 8-21　借助 SUBSTITUTE 函数拆分混合文本

素材所在位置：

光盘：\素材\第 8 章 公式与函数\示例 8-21 借助 SUBSTITUTE 函数拆分混合文本.xlsx。

如图 8-58 所示，A 列是混合文本内容，包含了姓名、部门和联系方式等信息，不同信息之间以空格分隔。现在需要在 B～D 列，分别提取出姓名、部门和联系方式。

图 8-58　拆分混合文本中的内容

虽然对于这种很有规律的数据源，可以使用分列的方法快速地将数据拆分开来。但如果数据源是不断变化的，每次都使用基础操作的方法显得比较烦琐。

在 B2 单元格输入以下公式，复制到 D9 单元格。

```
=TRIM(MID(SUBSTITUTE($A2," ",REPT(" ",99)),COLUMN(A1)*99-98,99))
```

REPT 函数的作用是按照给定的次数重复显示文本。REPT 函数的第一参数是需要重复的文本；第二参数是指定要重复的次数。

REPT(" ",99)就是将" "（空格）重复 99 次。

SUBSTITUTE($A2," ",REPT(" ",99))部分，分别将$A2 单元格中的空格替换成 99 个空格，作用是用空格将各字段的距离拉大。

在公式向右复制时，COLUMN(A1)*99-98 部分依次得到 1，100，199……递增的自然数序列，计算结果作为 MID 函数的参数。

MID 函数分别从 SUBSTITUTE 函数返回结果的第 1 位、第 100 位、第 199 位……开始，截取长度为 99 的字符串。

最后用 TRIM 函数清除文本两侧多余的空格，得到相应字段的内容。

注意

　　虽然使用 Excel 函数可以从部分混合字符串中提取出数字，但并不意味着在工作表中可以随心所欲地录入数据。格式不规范、结构不合理的基础数据，对后续数据的整理、汇总和分析等工作都带来了很多麻烦。

8.7　查找与引用类函数的应用

　　在数据处理和分析过程中，经常需要在数据表中查找满足特定条件的数据所在位置，或者将其所对应的其他字段信息匹配提取出来，使用查询引用类函数构建公式，可以很方便地进行此类查询或匹配操作。

8.7.1　使用 VLOOKUP 函数进行数据查询匹配

1. 认识 VLOOKUP 函数

　　VLOOKUP 函数是使用频率非常高的查询函数之一，函数的语法为：

`VLOOKUP(lookup_value,table_array,col_index_num,[range_lookup])`

　　第一参数是要查询的值。

　　第二参数是需要查询的单元格区域，这个区域中的首列必须要包含查询值，否则公式将返回错误值。

　　第三参数用于指定返回查询区域中第几列的值。

　　第四参数决定函数的查找方式，如果为 0 或 FASLE，使用精确匹配方式；如果为 TRUE 或被省略，则使用近似匹配方式，同时要求查询区域的首列按升序排序。

使用 VLOOKUP 函数进行数据查询匹配

　　该函数的语法可以理解为：

`VLOOKUP(要查找的内容,要查找的区域,返回查找区域第几列的内容,[精确匹配还是近似匹配])`

　　素材所在位置：

　　光盘：\素材\第 8 章 公式与函数\示例 8-22 使用 VLOOKUP 函数查询员工信息.xlsx。

　　图 8-59 展示的是某企业职工信息表的部分内容，需要根据 E 列单元格中的姓名，在 A～C 列中查询该员工的部门信息。

	A	B	C	D	E	F
1	工号	姓名	部门		姓名	部门
2	HG1035	夏唯安	总经办		夏唯安	总经办
3	HG1239	全冠清	财务部		言书雅	质检部
4	HG0037	阮星竹	财务部		朱丹臣	仓储部
5	HG0928	言书雅	质检部		萧远山	销售部
6	HG1039	许卓诚	生产部			
7	HG2066	朱丹臣	仓储部			
8	HG1533	冷夕颜	仓储部			
9	HG1042	萧远山	销售部			

图 8-59　使用 VLOOKUP 函数查询员工部门信息

　　在 F2 单元格中输入以下公式，向下复制到 F5 单元格。

`=VLOOKUP(E2,B$2:C$9,2,0)`

E2 单元格的工号是需要查询的内容。B$2:C$9 是要查询的单元格区域，此处使用行绝对引用，作用是公式在向下复制填充时，查询范围保持不变。VLOOKUP 函数第三参数使用 2，表示返回 B$2:C$9 单元格区域中第 2 列的内容。第四参数使用 0，表示使用精确匹配的方式进行查找。

注意

VLOOKUP 函数第三参数中的列号，不能理解为工作表中实际的列号，而是指定要返回查询区域中第几列的值。如果有多条满足条件的记录时，VLOOKUP 函数默认只能返回第一个查找到的记录。

示例结束

2. 使用 VLOOKUP 函数，返回不同类别的信息

VLOOKUP 函数的第三参数使用动态形式，可以返回不同类别的信息。

示例 8-23　查询员工部门和年龄信息

素材所在位置：

光盘：\素材\第 8 章 公式与函数\示例 8-23 查询员工部门和年龄信息.xlsx。

如图 8-60 所示，需要根据 F2 单元格的员工姓名，在 A～D 列的基础数据表内查询员工的部门和年龄信息。

	A	B	C	D	E	F	G	H
1	姓名	职务	部门	年龄		姓名	部门	年龄
2	陆艳菲	部长	质保部	29		陆艳菲	部长	质保部
3	杨庆东	部长	安监部	32		李厚辉	经理	采购部
4	任继先	经理	销售部	36		陈尚武	副经理	销售部
5	陈尚武	副经理	销售部	28				
6	李光明	主管	财务部	31				
7	李厚辉	经理	采购部	27				
8	毕淑华	副经理	采购部	25				
9	赵会芳	部长	仓储部	33				
10	赖群毅	安检员	安监部	30				

图 8-60　查询员工部门和年龄信息

在 G2 单元格中输入以下公式，复制到 G2:H4 单元格区域。

```
=VLOOKUP($F2,$A:$D,COLUMN(B1),0)
```

VLOOKUP 函数的第一参数和第二参数均使用列绝对引用，公式向右复制时，查询值所在单元格$F2的位置和查询区域$A:$D 都不会发生变化。

第三参数使用 COLUMN(B1)，COLUMN 函数的作用是返回参数的列号，这里的计算结果为 2，表示从查询区域返回第 2 列的内容。公式向右复制时，第三参数变成 COLUMN(C1)，计算结果为 3，VLOOKUP 函数从查询区域返回第 3 列的内容。

示例结束

示例 8-23 使用 VLOOKUP 函数返回不同类别的信息，是在查询数据区域的标题与数据源的标题排列顺序一致的基础上进行处理的。当查询范围的标题和数据源标题排列顺序不一致时，可以借助 MATCH 函数和 VLOOKUP 函数嵌套搭配处理。

示例 8-24　查询员工年龄和部门信息

素材所在位置：

光盘：\素材\第 8 章 公式与函数\示例 8-24 查询员工年龄和部门信息.xlsx。

图 8-61 所示为某公司人员信息表的部分数据，需要根据 F 列单元格的员工姓名，在 A~D 列的基础数据表内查询员工的年龄和部门信息。

图 8-61　查询员工年龄和部门信息

在 G2 单元格中输入以下公式，复制到 G2:H4 单元格区域。

`=VLOOKUP($F2,$A:$D,MATCH(G$1,$A$1:$D$1,0),0)`

MATCH(G$1,$A$1:$D$1,0)，用 MATCH 函数查找 G1 单元格中的标题在 A1:D1 中的位置，查询结果为 4，作为 VLOOKUP 第三参数。

VLOOKUP 函数由此返回查询范围中第 4 列的内容。

关于 MATCH 函数的使用方法，请参阅 8.7.2 节。

```
示例结束
```

3. 使用 VLOOKUP 函数实现模糊查询

VLOOKUP 函数在精确匹配模式下支持通配符"*"和"?"，当查找内容不完整时，可以使用通配符实现模糊查询。

```
示例 8-25　使用通配符实现模糊查询
```

素材所在位置：

光盘：\素材\第 8 章 公式与函数\示例 8-25 使用通配符实现模糊查询.xlsx。

图 8-62 展示的是某单位客户信息表的部分内容。根据 D2 单元格指定的公司简称，可以查询到公司联系人信息。

图 8-62　查询公司联系人

在 E2 单元格中输入以下公式。

`=VLOOKUP("*"&D2&"*",A1:B9,2,0)`

通配符"*"表示任意多个字符，VLOOKUP 函数第一参数使用"*"&D2&"*"，即在 A 列中查询包含 D2 单元格的内容，并返回与之对应的 B 列联系人信息。

```
示例结束
```

4. 使用 VLOOKUP 实现数值近似匹配

VLOOKUP 函数第四参数为 TRUE 或被省略时，使用近似匹配方式，通常情况下用于累进数值的查找。

示例 8-26　使用 VLOOKUP 函数判断考核等级

素材所在位置：

光盘：\素材\第 8 章 公式与函数\示例 8-26 使用 VLOOKUP 函数判断考核等级.xlsx。

图 8-63 所示是员工考核成绩表的部分内容，E2:F5 单元格区域是考核等级对照表，成绩所在列已升序排序，需要根据 B 列的考核成绩，在 C 列返回对应的等级。

	A	B	C	D	E	F
1	姓名	考核成绩	等级判定		成绩对照	等级
2	奚晓献	80	良好		0	待改进
3	樱芷月	92	优秀		60	称职
4	韩紫语	75	称职		80	良好
5	闵暗彤	68	称职		90	优秀
6	林紫洛	52	待改进			
7	殷千习	93	优秀			
8	易默野	88	良好			
9	乔沐枫	72	称职			

图 8-63　判断考核等级

在 C2 单元中格输入以下公式，向下复制到 C9 单元格。

```
=VLOOKUP(B2,$E$2:$F$5,2)
```

VLOOKUP 函数第四参数被省略，表示使用近似匹配模式。如果找不到精确匹配值，则返回小于查询值的最大值。

C4 单元格的成绩 75 在对照表中未列出，因此 Excel 在 F 列中查找小于 75 的最大值 60 进行匹配，并返回 F 列对应的等级"称职"。

注意

使用近似匹配时，查询区域的首列必须按升序排序，否则无法得到正确的结果。

示例结束

8.7.2　使用 INDEX 和 MATCH 函数组合进行数据查询匹配

1. 认识 MATCH 函数

MATCH 函数可以在单元格区域中搜索指定项，然后返回该项在单元格区域中的相对位置。函数的语法为：

```
MATCH(lookup_value,lookup_array,[match_type])
```

其中，第一参数为指定的查找对象，第二参数为可能包含查找对象的单元格区域或数组，第三参数为查找的匹配方式。

使用 INDEX 和 MATCH 函数进行数据查询匹配

第三参数可以使用 0、1 或 -1，分别对应精确匹配、升序查找和降序查找模式。在实际应用中，第三参数使用 0，也就是精确匹配的用法最为普遍。

该函数语法可以理解为：

```
MATCH(要查找的内容,在哪个区域查找,[查找的方式])
```

当第三参数为 0 时，第二参数无需排序。以下公式在第二参数中精确查找出字母"A"第一次出现的位置，结果为 2，不考虑第 2 次出现位置。

```
=MATCH("A",{"C","A","B","A","D"},0)
```

注意

> MATCH 函数的第二参数，即数据查询范围，只能是单行、单列或一维数组形式，否则将返回错误值。

2. 认识 INDEX 函数

INDEX 函数是常用的引用类函数之一，可以在一个区域引用或在数组中根据指定的行号和列号来返回一个值。如果数据源是区域，则返回单元格引用。如果数据源是数组，则返回数组中的某个值。该函数的常用语法如下。

```
INDEX(reference, row_num, [column_num], [area_num])
```

第一参数表示一个单元格区域或数组常量。第二、三参数用于指定要返回的元素位置，INDEX 函数最终返回该位置的内容。

以下公式可以返回 A1:C10 区域中第 5 行第 2 列的单元格引用，即 B5 单元格。

```
=INDEX(A1:C10,5,2)
```

3. 使用 INDEX 和 MATCH 函数进行数据查询匹配

INDEX 函数和 MATCH 函数结合运用，能够完成类似 VLOOKUP 函数的查找功能，并且可以实现灵活的逆向查询，即从右向左或是从下向上查询。

示例 8-27　使用 MATCH 函数和 INDEX 函数查询数据

素材所在位置：

光盘：\素材\第 8 章 公式与函数\示例 8-27 使用 MATCH 函数和 INDEX 函数查询数据.xlsx。

图 8-64 所示为某公司人员信息表的部分数据，需要根据 F 列指定的工号查询出对应的人员姓名。

	A	B	C	D	E	F	G
1	姓名	工号	职务	年龄		工号	姓名
2	殷千习	63306	部长	29		63306	殷千习
3	汪诗敏	39160	部长	32		62487	苏献宁
4	叶叔颖	28511	经理	36		36210	韩晓让
5	宇凌司	52262	副经理	28			
6	苏献宁	62487	主管	31			
7	韩紫柳	54029	经理	27			
8	韩晓让	36210	副经理	25			
9	简知秋	48983	部长	33			
10	原舒羽	75308	安检员	30			

图 8-64　使用 MATCH 函数和 INDEX 函数查询数据

在 G2 单元格中输入以下公式，向下复制到 G5 单元格。

```
=INDEX(A:A,MATCH(F2,B:B,0))
```

公式中的"MATCH(F2,B:B,0)"部分，用 MATCH 函数查询 F2 单元格中的工号在 B 列中的位置，第三参数使用 0，表示精确匹配，查询结果为 2。

再使用 INDEX 函数，在 A 列中返回第 2 个元素的内容"殷千习"。

示例结束

8.7.3 使用 LOOKUP 函数进行数据查询匹配

1. 认识 LOOKUP 函数

LOOKUP 函数主要用于在查找范围中查询指定的查找值，并返回另一个范围中对应位置的值。该函数支持忽略空值、逻辑值和错误值的数据查询，常用语法如下。

```
LOOKUP(lookup_value,lookup_vector,[result_vector])
```

使用 LOOKUP 函数进行数据查询匹配

第一参数是要查询的内容。第二参数为查找范围。第三参数为要返回的结果范围。常用于在由单行或单列构成的第二参数中查找指定的值，并返回第 3 参数中对应位置的值。

如需在查找范围中查找一个明确的值，查找范围必须升序排列；当需要查找一个不确定的值时，如查找一列或一行数据的最后一个值，查找范围并不需要严格的升序排列。

以下是 LOOKUP 的模式化用法。

（1）返回 A 列最后一个文本。

```
=LOOKUP("座",A:A)
```

"座"是一个编码较大的字符，通常比 A 列所有文本值的编码都大，由此返回 A 列中最后一个文本值。

（2）返回 A 列最后一个数值。

```
=LOOKUP(9E+307,A:A)
```

9E+307 是 Excel 里的科学计数法，即 $9*10^{307}$，被认为是接近 Excel 允许输入的最大数值，通常比 A 列所有数值均大，由此返回 A 列中最后的数值。

（3）返回 A 列中最后一个非空单元格的内容。

```
=LOOKUP(1,0/(A:A<>""),A:A)
```

以 0/(A:A<>"")构建一个由 0 和错误值#DIV/0!组成的内存数组，再利用 LOOKUP 函数忽略错误值的特性，使用 1 作为查找值，公式在内存数组中找不到 1，因此以小于 1 的最大值——0 进行匹配，即可得到查找区域中最后一个满足条件的记录。

该用法常用于单条件及多条件的数据查询匹配，可以归纳为：

```
=LOOKUP(1,0/(条件),目标区域或数组)
```

2. 使用 LOOKUP 进行数字近似匹配

LOOKUP 函数第二参数进行升序排列时，常用于累进数值的查找，例如进行考核等级的判定。

> **示例 8-28 使用 LOOKUP 函数进行等级判定**

素材所在位置：

光盘：\素材\第 8 章 公式与函数\示例 8-28 使用 LOOKUP 函数进行等级判定.xlsx。

图 8-65 所示是员工考核成绩表的部分内容，E2:F5 单元格区域是考核等级对照表，E 列已按成绩升序排序，需要根据 B 列的考核成绩，在 C 列返回对应的等级。

	A	B	C	D	E	F
1	姓名	考核成绩	等级判定		成绩对照	等级
2	奚晓献	80	良好		0	待改进
3	樱茫月	92	优秀		60	称职
4	韩紫语	75	称职		80	良好
5	闵暗彤	68	称职		90	优秀
6	林紫洛	52	待改进			
7	殷千习	93	优秀			
8	易默野	88	良好			
9	乔沐枫	72	称职			

图 8-65 使用 LOOKUP 函数判断账龄

在 C2 单元格中使用以下公式，向下复制到 C9 单元格。

```
=LOOKUP(B2,E$2:F$5)
```

和示例 8-26 所使用的 VLOOKUP 函数相比，使用该公式的优势在于仅需引用单元格区域，而无需指定返回查询值的列号。

如果不使用对照表，可以使用以下公式完成同样的要求。

```
=LOOKUP(B2,{0;60;80;90},{"待改进";"称职";"良好";"优秀"})
```

LOOKUP 函数第二参数使用升序排列的常量数组，在第二参数中查询小于或等于 B2 的最大值的位置，并返回第三参数常量数组中对应位置的值。这种方法可以取代 IF 函数完成多个区间的判断查询。

示例结束

---

3. 使用 LOOKUP 实现多条件数据查询

LOOKUP 函数的第二参数可以是多个逻辑判断相乘组成的多条件数组，可以归纳总结为：

```
=LOOKUP(1,0/((条件1)*(条件2)*(条件N)),目标区域或数组)
```

使用这种方法能够完成多条件的数据查询任务。

示例 8-29   使用 LOOKUP 函数多条件查询

素材所在位置：

光盘：\素材\第 8 章 公式与函数\示例 8-29 使用 LOOKUP 函数多条件查询.xlsx。

如图 8-66 所示，A～C 列是某公司各部门各班组的考评得分，现在要求根据 E 列和 F 列的部门和班组信息，在 G 列查询出相应的得分结果。

	A	B	C	D	E	F	G
1	部门	班组	得分		部门	班组	得分
2	安监部	一组	96		安监部	二组	99
3	安监部	二组	99		采购部	二组	142
4	财务部	四组	114		质保部	三组	75
5	采购部	一组	101		安监部	一组	96
6	采购部	二组	142				
7	仓储部	一组	55				
8	销售部	一组	100				
9	销售部	二组	111				
10	质保部	三组	75				

图 8-66   使用 LOOKUP 多条件查询

在 G2 单元格中输入以下公式，向下复制到 G5 单元格。

```
=LOOKUP(1,0/((A$2:A$10=E2)*(B$2:B$10=F2)),C$2:C$10)
```

(A$2:A$10=E2)*(B$2:B$10=F2)部分，使用两个等式相乘，分别比较 E2 单元格的部门名称和 A 列中的部门名称是否相同，以及 F2 单元格的班组是否和 B 列中的班组相同。两个条件同时满足时，条件相乘结果为 1，否则为 0。

再用 0 除以该数组，返回由 0 和错误值#VALUE!组成的新数组。

LOOKUP 函数用 1 作为查找值，由于 LOOKUP 函数具有忽略错误值的特性，因而与该数组中最后出现的 0 进行匹配，进而返回第三参数 C2:C10 单元格区域对应位置的值。

示例结束

---

4. 使用 LOOKUP 实现数据模糊查询

LOOKUP 与 FIND 或 SEARCH 等文本函数进行嵌套搭配使用，可以实现对数据的模糊查询匹配。

示例 8-30　根据客户简称查询联系人

素材所在位置：

光盘：\素材\第 8 章 公式与函数\示例 8-30 根据客户简称查询联系人.xlsx。

如图 8-67 所示，D～E 列是客户联系人对照表，现在要求根据 B 列的客户简称查询相关企业的联系人姓名。

	A	B	C	D	E
1	联系人	客户简称		联系人	客户全称
2	祝生	高捷		祝生	山东高捷电器厂
3	李平	业兴		杨艳梅	山东市新中颖电业制造有限公司
4	杨正祥	立志电气		张贵金	山东市庞文电子元件有限公司
5	杨开文	风华机电		李平	业兴五金塑料厂
6	张贵金	庞文电子		解德培	山东市联乐巨华金属电子有限公司
7				张晓祥	山东南海惠凯塑胶五金
8				白雪花	南海粤诚塑料模具厂
9				杨为民	深圳市锦绣丽编织制品有限公司
10				杨正祥	深圳市立志电气技术有限公司
11				杨开文	广州风华机电设备有限公司

图 8-67　根据客户简称查询联系人

在 A2 单元格中输入以下公式，向下复制到 A6 单元格。

```
=LOOKUP(1,0/FIND(B2,E$2:E$11),D$2:D$11)
```

FIND 函数返回文本字符在另一个字符中的起始位置，如果找不到要查找的字符，则返回错误值 #VALUE!。

"0/FIND(B2,E$2:E$11)" 部分，首先用 FIND 函数返回 B2 单元格"高捷"分别在 E$2:E$11 单元格中的起始位置，得到由起始位置数值和错误值#VALUE!组成的内存数组。再用 0 除以该数组，返回由 0 和错误值#VALUE!组成的新内存数组。

LOOKUP 函数用 1 作为查找值，先与该数组中的最后一个 0 进行匹配，再返回第三参数 C2:C10 中对应位置的值。

示例结束

8.7.4　使用 INDIRECT 函数进行数据查询匹配

INDIRECT 函数能够根据第一参数的文本字符串生成具体的单元格引用。该函数的语法如下。

```
INDIRECT(ref_text,[a1])
```

第一参数是一个表示单元格地址的文本，可以是 A1 或是 R1C1 引用样式的字符串。第二参数用于指定使用哪一种引用样式。如果该参数为 TRUE 或省略，第一参数中的文本被解释为 A1 样式的引用，如果为 FALSE 或是为 0，则将第一参数中的文本解释为 R1C1 样式的引用。INDIRECT 函数默认采用 A1 引用样式。

以下通过通过 3 个示例来了解 INDIRECT 函数。

例 8-1：如图 8-68 所示，在 C1 单元格中输入以下公式。

```
=INDIRECT("A1")
```

函数参数为"A1"，INDIRECT 函数将字符串"A1"变成实际的引用，因此返回的是对 A1 单元格的引用。

例 8-2：如图 8-69 所示，在 A1 单元格中输入文本"B5"，在 C1 单元格中输入以下公式。

图 8-68　文本"A1"变成实际的引用

```
=INDIRECT(A1)
```

INDIRECT 函数将 A1 单元格内的文本"B5"变成实际的引用，实现对 B5 单元格的间接引用效果。

例 8-3：如图 8-70 所示，在 D3 单元格中输入文本"A1:B5"，D1 单元格将使用以下公式计算 A1:B5 单元格区域之和。

```
=SUM(INDIRECT(D3))
```

图 8-69　间接引用单元格

图 8-70　间接引用单元格区域

"A1:B5"只是 D3 单元格中普通的文本内容，INDIRECT 函数将表示引用的字符串转换为真正的 A1:B5 单元格区域的引用，最后使用 SUM 函数计算引用区域的和。

示例 8-31　汇总各年级考核总分

素材所在位置：

光盘：\素材\第 8 章 公式与函数\示例 8-31 汇总各年级考核总分.xlsx。

图 8-71 所示是某学校学生体能考核表的部分内容，不同年级的考核数据分别存放在以年级名称命名的工作表内，要求在"汇总"工作表内，对各年级的考核总分进行汇总。

图 8-71　汇总各年级考核总分

在汇总工作表的 B2 单元格中输入以下公式，向下复制到 B4 单元格。

```
=SUM(INDIRECT(A2&"!B1:B100"))
```

首先将 A2 单元格中表示工作表名称的字符"1 年级"与字符串"!B1:B100"连接，组成新字符串"1 年级!B1:B100"，但此时的字符串还不具有引用功能。

INDIRECT 函数将引用样式的文本字符串"1 年级!B1:B100"变成实际引用，返回"1 年级"工作表 B1:B100 单元格区域的引用。

最后使用 SUM 函数对 INDIRECT 函数的引用结果算出总和。

公式中的"A2"使用了相对引用，随着公式向下复制，依次变成 A3、A4。由此组成的新字符串也会随之变化为"2 年级!B1:B100""3 年级!B1:B100",通过 INDIRECT 函数将这些字符串变成实际引用，最终实现多工作表的求和汇总。

注意

> 如果引用工作表标签名的首字符为数字或包含有空格等特殊符号时，工作表的标签名中必须使用一对半角单引号进行包含，否则返回错误值#REF!，例如=INDIRECT("'Excel Home!'!B2)。

示例结束

8.7.5 OFFSET 函数在数据查询中的应用

1. 认识 OFFSET 函数

OFFSET 函数功能十分强大，具有构造动态引用区域的特性。在数据动态引用、打印以及制作高级交互图表等方面都有广泛的使用。

该函数以指定的引用为参照，通过给定偏移量得到新的引用，返回的引用可以为一个单元格或单元格区域，也可以指定返回的行数或列数。函数基本语法如下。

`OFFSET(reference,rows,cols,[height],[width])`

第一参数是作为偏移量参照的起始引用区域。

第二参数是要偏移的行数，行数为正数时，偏移方向为向下，行数为负数时，偏移方向为向上。

第三参数是要偏移的列数。列数为正数时，偏移方向为向右。列数为负数时，偏移方向为向左。

第四参数是指定要返回引用区域的行数。

第五参数是指定要返回引用区域的列数。

如图 8-72 所示，以下公式将返回对 D4 单元格的引用。

`=OFFSET(B2,2,2)`

图 8-72 图解 OFFSET 函数

其中，B2 单元格为 OFFSET 函数的引用基点。

第二参数为 2，表示以 B2 为基点向下偏移两行，至 B4 单元格。

第三参数为 2，表示以 B4 单元格再向右偏移两列，至 D4 单元格。

第四和第五参数省略，表示新引用的范围和基点大小相同。

2. 使用 OFFSET 函数汇总销售额

示例 8-32 动态汇总销售额

素材所在位置：

光盘：\素材\第 8 章 公式与函数\示例 8-32 动态汇总销售额.xlsx。

图 8-73 所示是某单位的销售报表，需要根据 D3 单元格指定的起始月份和 E3 单元格指定的截止月份，计算该区间的销售额。

在 F3 单元格中输入以下公式。

`=SUM(OFFSET(B1,D3,0,E3-D3+1))`

首先使用 OFFSET 函数，以 B1 单元格为基点，向下偏移的行数由 D3 单元格的起始月份值来指定。偏移列数为 0，也就是列方向不偏移。新引用的行数为"E3-D3+1"，也就是用截止月份值减去起始月份后加 1。

图 8-73　动态汇总销售额

用 OFFSET 函数实现对 B6:B12 单元格区域的引用后，再用 SUM 函数对这一区域求和。如果 D3 单元格指定的起始月份和 E3 单元格指定的截止月份发生变化，OFFSET 函数的引用范围也会随之变化，最终实现动态汇总的目的。

示例结束

8.7.6　使用公式创建超链接

HYPERLINK 函数是 Excel 中唯一一个可以生成链接的特殊函数。函数语法如下。

`HYPERLINK(link_location,friendly_name)`

第一参数是要打开的文档的路径和文件名。可以指向 Excel 工作表或工作簿中特定的单元格。对于当前工作簿中的链接地址，通常使用前缀"#"号来代替当前工作簿名称。

第二参数表示单元格中显示的跳转文本或数字值。如果省略，HYPERLINK 函数建立超链接后，单元格中将显示第一参数的内容。其语法可以理解为：

`HYPERLINK(需要跳转的位置,需要显示的内容)`

示例 8-33　创建有超链接的工作表目录

素材所在位置：

光盘：\素材\第 8 章　公式与函数\示例 8-33 创建有超链接的工作表目录.xlsx。

图 8-74 所示是某单位员工信息表的部分内容，为了方便查看数据，要求在目录工作表中创建指向各工作表的超链接。

在 C2 单元格中使用以下公式，向下复制到 C7 单元格。

`=HYPERLINK("#"&B2&"!A1",B2)`

公式中""#"&B2&"!A1""部分，用前缀"#"号来代替当前工作簿名称。使用连接符&连接出字符串"#郭云龙!A1"，指定链接跳转的具体单元格位置是当前工作簿的"郭云龙"工作表 A1 单元格。

第二参数为 B2，表示建立超链接后显示的内容为 B2 单元格的文字"郭云龙"。

设置完成后，指针靠近公式所在单元格时，会自动变成手形，单击超链接，即跳转到相应工作表的 A1 单元格。

如图 8-75 所示，在"郭云龙"工作表的 I1 单元格内输入以下公式，生成返回目录的超链接。

图 8-74　为工作表名称添加超链接

=HYPERLINK("#目录!C1","返回目录")

图 8-75　生成返回目录的超链接

单击 I1 单元格后按住鼠标左键不放，直到指针变成空心十字"✛"后释放鼠标，选中该单元格，按<Ctrl+C>组合键复制，最后粘贴到其他工作表的 I1 单元格。

示例结束

8.7.7 查找与引用类函数的高级应用

1. 提取符合条件的多个结果

在实际工作中，按指定条件进行数据查询匹配时，其结果可能是一条记录，也可能是多条记录。本节此前所介绍的函数大都适用于查询结果为一条记录的情况，例如 VLOOKUP、LOOKUP 等。当查询结果为多条记录时，需要使用多个函数嵌套搭配完成。

示例 8-34　提取符合条件的多个记录

素材所在位置：

光盘:\素材\第 8 章 公式与函数\示例 8-34 提取符合条件的多个记录.xlsx。

如图 8-76 所示，需要根据 F1 单元格的班组，在 A～C 列查询匹配相关明细记录，并放置在 E～G 列的单元格区域内。

图 8-76　提取符合条件的多个记录

在 E4 单元格中输入以下数组公式，按<Ctrl+Shift+Enter>组合键，复制到 E4:G8 单元格区域。

`{=IFERROR(INDEX(A:A,SMALL(IF($B$1:$B$10=$F$1,ROW($1:$10)),ROW(A1))),"")}`

首先利用 IF 函数判断 B1:B10 区域的班组是否等于 F1 单元格的班组，若相等则返回对应的行号，否则返回逻辑值 FALSE。

再利用 SMALL 函数依次从小到大提取符合条件的记录的行号，使用 INDEX 函数提取记录行的数据。

最后使用 IFERROR 函数屏蔽错误值，使之返回""（空文本）。

此时，当 F1 单元格的班组发生改变时，E4:G8 单元格区域也将随之更新查询结果。

示例结束

2. 提取不重复值

提取不重复数据是指在一个数据表中提取出唯一的记录，即重复的记录只算一条。使用函数的方法也可以实现不重复值的提取。

示例 8-35　从考试成绩表中提取唯一考生姓名

素材所在位置：

光盘：\素材\第 8 章 公式与函数\示例 8-35 从考试成绩表中提取唯一考生姓名.xlsx。

图 8-77 所示为某班级学生的考试成绩表，需要从中取得唯一的学生姓名列表。

	A	B	C	D	E	F
1	准考证号	姓名	学科	成绩		考生
2	01120085	高明阳	语文	100		高明阳
3	01030234	高明阳	数学	65		赵坤
4	01110147	赵坤	地理	80		周志红
5	01120059	赵坤	语文	87		陈丽娟
6	01030146	周志红	数学	96		梁建邦
7	01021163	周志红	语文	81		金宝增
8	01120059	陈丽娟	数学	87		
9	01120030	陈丽娟	语文	88		
10	01030146	梁建邦	数学	87		
11	01120644	金宝增	地理	84		

图 8-77　从考试成绩表中提取唯一考生姓名

根据 MATCH 函数查找数据的原理，当查找的位置序号与数据自身的位置序号不一致时，表示该数据重复。

在 F2 单元格中使用以下数组公式，按<Ctrl+Shift+Enter>组合键，并将公式向下复制到 F8 单元格。

```
{=INDEX(B:B,SMALL(IF(MATCH(B$2:B$11,B:B,)=ROW($2:$11),ROW($2:$11),65536),ROW(A1)))&""}
```

公式利用 MATCH 函数在 B 列中定位每一位学生的姓名，当 MATCH 函数结果与数据所在的位置序号相等时，表示该内容首次出现，公式返回当前数据行号，否则返回指定的数值 65 536（这是容错处理，通常工作表的 65 536 行是无数据的空白单元格）。再通过 SMALL 函数将行号从小到大逐一取出，最终由 INDEX 函数，以 SAMLL 函数的结果为索引值，返回不重复的销售人员姓名列表。

示例结束

8.8　求和与统计类函数的应用

统计类函数的使用频率比较高，它能从复杂、烦琐的数据中快速对用户所需要的数据进行统计。从简单的计数求和到复杂的统计分析，统计类函数都有非常广泛的应用。

8.8.1　基本求和函数的应用

1. 认识 SUM 函数

SUM 函数是最基本的求和函数，但由于该函数支持参数执行数组运算，因此也具有丰富而强大的应用功能，例如条件求和、条件计数等。该函数语法如下。

```
SUM(number1,number2, ...)
```

SUM 函数的显著特点是忽略数组或引用中的文本值、逻辑值，不予统计求和。

示例 8-36   对文本数值统计求和

素材所在位置：

光盘：\素材\第 8 章 公式与函数\示例 8-36 对文本数值统计求和.xlsx。

如图 8-78 所示，由于 B2:B7 区域的数据类型为文本型数值，因此 SUM 函数计算结果为 0。

在 B8 单元格中使用以下数组公式，按<Ctrl+Shift+Enter>组合键，可以得到正确结果。

{=SUM(B2:B7*1)}

公式使用*1 的方式，将 B2:B7 区域的文本型数值进行数学运算，转换为数值型数值，最后再使用 SUM
函数计算求和。

公式计算结果如图 8-79 所示。

图 8-78   对文本型数值进行求和 　　图 8-79   使用 SUM 函数对文本型数值求和

示例结束

2. 使用 SUM 函数进行多表数据求和

示例 8-37   多表数据统计求和

素材所在位置：

光盘：\素材\第 8 章 公式与函数\示例 8-37 多表数据统计求和.xlsx。

如图 8-80 所示，1～3 月份的各部门数据分别处于同一个工作簿的不同工作表中，现在需要在"合计"
工作表中进行求和统计。

图 8-80   使用 SUM 函数多表求和

通过观察可以发现，各分表的部门排序和合计表的部门排序是一致的，同时 B 列均为金额列。在合计
表的 B2 单元格中使用以下公式，可以快速统计各部门的总计金额。

```
=SUM('*'!B2)
```

上述公式写入单元格后，Excel 会自动更改为：

```
=SUM('1月:3月'!B2)
```

但两个公式的含义并不相同。第一个公式使用通配符的方式，包含了工作簿中除了公式所在工作表外的所有工作表，而第二个公式只包含了"1月"工作表和"3月"工作表及两表位置之间的工作表，因此如果有工作表处于该范围之外，则不在统计范围之内。

> **示例结束**

8.8.2 条件求和函数的应用

条件求和类的计算在日常工作中的使用范围非常广，例如按指定的部门汇总工资额、计算某一品牌的销量等，SUMIF(S) 函数是最常用于条件求和的函数。

1. 认识 SUMIF(S) 函数

SUMIF 函数用于对单元格引用范围中符合某个指定条件的值进行求和，函数语法如下。

```
SUMIF(range,criteria,[sum_range])
```

第一参数是用于判断条件的单元格区域。第二参数是用于确定求和的条件。第三参数则是需要求和的实际单元格区域。其语法可以理解为：

条件求和函数的应用

```
SUMIF(条件判断区域,求和条件,求和区域)
```

SUMIFS 函数适合对区域中同时符合多个条件的单元格求和。该函数语法为：

```
SUMIFS(sum_range,criteria_range1,criteria1,[criteria_range2,criteria2],...)
```

第一参数是要求和的区域。第二参数是用于条件计算的第一个单元格区域。第三参数则是用于条件计算的第一个单元格区域对应的条件。其语法可以理解为：

```
SUMIFS(求和区域,条件区域1,条件1,条件区域2,条件2,……)
```

SUMIF 和 SUMIFS 函数的求和条件参数中都支持使用通配符以及数字、文本字符串、表达式和单元格引用等，但其余参数则只支持单元格引用，不支持使用数组等形式。

两者不同之处是 SUMIFS 的求和区域位置是写在最开始部分，也就是第一参数。而 SUMIF 函数的求和区域通常写在最后，也就是第三参数。

SUMIFS 虽然也可用于单条件求和，但更适合于多条件求和。

2. 使用 SUMIF 函数进行单条件求和

SUMIF 函数常用于对单元格引用范围中符合单个指定条件的值统计求和。

> **示例 8-38　汇总指定业务员的销售额**
>
> 素材所在位置：
> 光盘：\素材\第8章　公式与函数\示例 8-38 汇总指定业务员的销售额.xlsx。

图 8-81 所示是某公司销售记录的部分内容，需要根据 E2 单元格中的姓名，汇总该业务员的销售额。在 F2 单元格中输入以下公式。

```
=SUMIF(B2:B12,E2,C2:C12)
```

公式中的 B2:B12，是判断条件的单元格区域。求和条件是 E2 单元格中的姓名。需要求和的实际单元格区域是 C2:C12 区域。

如果 B2:B12 单元格区域中的内容符合指定的姓名，公式就对 C2:C12 单元格区域对应的单元格求和。

图 8-81　汇总指定业务员的销售额

SUMIF 函数允许省略第三参数，省略第三参数时，Excel 会对第一参数，也就是判断条件的单元格区域求和。

示例 8-39　汇总 8 000 元以上的销售总额

素材所在位置：

光盘：\素材\第 8 章 公式与函数\示例 8-39 汇总 8 000 元以上的销售总额.xlsx。

如图 8-82 所示，需要对 C 列大于 8 000 的销售额求和。

图 8-82　汇总 8 000 元以上的销售总额

在 E2 单元格中输入以下公式：

```
=SUMIF(C2:C12,">8000")
```

使用 SUMIF 函数时，任何文本条件或任何含有逻辑及数学符号的条件，都必须使用双引号（""）括起来。在本例中，第二参数使用字符串 ">8 000"，表示求和条件为大于 8 000。

第三参数省略，表示应用条件的范围即是要求和的范围。公式判断 C2:C12 单元格区域中的值是否大于 8 000，符合条件则对该区域中对应的数值求和。

3. 使用通配符进行模糊条件求和

在 SUMIF(S)函数的求和条件参数中，支持使用通配符问号（？）和星号（＊）。但是，只能在求和范围是文本内容的前提下使用通配符，如果求和范围是数值，使用通配符将得到错误结果。

示例 8-40　按年级汇总比赛总分

素材所在位置：

光盘：\素材\第 8 章 公式与函数\示例 8-40 按年级汇总比赛总分.xlsx。

图 8-83 所示是某学校演讲比赛的成绩表，需要根据 E5～E7 单元格中指定的年级，汇总各年级的总成绩。

图 8-83　按年级汇总比赛总分

在 F5 单元格中输入以下公式，向下复制到 F7 单元格。

```
=SUMIF(A$2:A$13,E5&"*",C$2:C$13)
```

SUMIF 函数求和条件使用 "E5&"*""，表示以 E5 单元格内容开头的所有字符串。如果 A$2:A$13 单元格区域中的字符以 E5 开头，则对 C$2:C$13 单元格区域对应的数值求和。

示例结束
---

4. "并且"关系的多条件求和

SUMIFS 函数常用于同时符合多个条件，即"并且"关系的多条件求和。

示例 8-41　统计不同型号商品的销售量

素材所在位置：

光盘：\素材\第 8 章　公式与函数\示例 8-41 统计不同型号商品的销售量.xlsx。

图 8-84 所示是某商场 3 月下旬的家电销售记录，需要根据 F3 单元格指定的商品名称和 G3 单元格指定的规格型号两个条件，统计销售量。

图 8-84　统计不同型号商品的销售量

在 H3 单元格中输入以下公式。

```
=SUMIFS(D2:D10,B2:B10,F3,C2:C10,G3)
```

公式中的 D2:D10 是需要进行求和的数据区域。B2:B10 是第一个需要判断条件的区域，其条件是 F3 单元格中的商品名称。C2:C10 是第二个需要判断条件的区域，其条件是 G3 单元格的规格型号。

如果 B2:B10 单元格区域中等于指定的商品名称，并且 C2:C10 单元格区域中等于指定的规格型号，就对 D2:D10 单元格区域中对应的值求和。

示例结束
---

5. "或"关系的多条件求和

SUMIF 函数求和条件参数中使用常量数组或其他表达式，结合 SUM 或 SUMPRODUCT 函数，可以完成关系为"或"的多条件求和。

示例 8-42 "或"关系的多条件求和

素材所在位置：

光盘：\素材\第 8 章 公式与函数\示例 8-42"或"关系的多条件求和.xlsx。

如图 8-85 所示，需要根据 F3:F4 单元格区域的商品名称，对 A～D 列数据区域的相关商品的销量统计求和。

	A	B	C	D	E	F	G
1	日期	商品名称	规格型号	销量			
2	2017/3/22	海尔洗衣机	4233C	2		商品名称	合计金额
3	2017/3/23	海尔洗衣机	35W20	3		海尔洗衣机	9
4	2017/3/23	松下电视	5029P	1		海尔空调	
5	2017/3/23	西门子冰箱	KG22N	2			
6	2017/3/24	海尔空调	4233C	2			
7	2017/3/25	格力空调	372LW	1			
8	2017/3/26	海尔空调	35GW	2			
9	2017/3/26	西门子冰箱	KA92N	2			
10	2017/3/26	松下电视	4233C	1			

图 8-85 关系为"或"的多条件求和

在 G3 单元格中输入以下公式。

```
=SUMPRODUCT(SUMIF(B2:B10,F3:F4,D2:D10))
```

SUMIF 函数以 F3:F4 单元格区域的商品名称作为查询条件，分别得到商品名称为"海尔洗衣机"和"海尔空调"的销量总计值，最后再使用 SUMPRODUCT 函数汇总求和。

示例结束
---

6. 多表条件求和

在实际工作中，如果数据处于同一个工作簿的不同工作表，利用公式对数据按指定条件统计求和，就会变得困难、复杂，此时需要使用多个函数嵌套方能完成统计任务。

示例 8-43 多表条件求和

素材所在位置：

光盘：\素材\第 8 章 公式与函数\示例 8-43 多表条件求和.xlsx。

如图 8-86 所示，3 个门店的销售数据分处于同一个工作簿的 3 张工作表中，现在需要在"汇总"工作表统计部分商品的销售总数。

在"汇总"工作表的 B2 单元格中输入以下公式，向下复制到 B5 单元格。

```
=SUM(SUMIF(INDIRECT({"前头店","后坑店","莲坂店"}&"!b:b"),A2,INDIRECT({"前头店","后坑店","莲坂店"}&"!d:d")))
```

INDIRECT({"前头店","后坑店","莲坂店"}&"!b:b")部分，使用 INDIRECT 函数构建了 3 个门店分表商品名称所在列（B 列）的区域引用作为 SUMIF 的查询区域。

{"前头店!b:b","后坑店!b:b","莲坂店!b:b"}

INDIRECT({"前头店","后坑店","莲坂店"}&"!d:d")部分，依然使用 INDIRECT 函数构建了 3 个门店分表商品销量所在列（D 列）的区域引用，作为 SUMIF 的求和区域。

图 8-86   多表条件求和

SUMIF 函数以 A2 商品名称作为条件，分别对 3 张分表符合条件的数据统计求和，最后使用 SUM 函数汇总，即得到销售总量。

示例结束

8.8.3 | 基础计数函数的应用

素材所在位置：

光盘：\素材\第 8 章 公式与函数\ 8.8.3 认识 COUNT 函数和 COUNTA 函数.xlsx。

COUNT 和 COUNTA 函数是最常用的计数函数。

1. COUNT 函数

COUNT 函数用于计算包含数字的单元格以及参数列表中数字的个数。

如图 8-87 所示，在 C2 单元格中输入以下公式，可以统计 A2:A9 单元格区域的数字个数，其中，A7 为空单元格。

```
=COUNT(A2:A9)
```

COUNT 函数返回的统计结果为 3，单元格区域中的文本、错误值和逻辑值都不参与统计。

图 8-87   认识 COUNT 函数

示例 8-44   计算最近 3 天的销售额

素材所在位置：

光盘：\素材\第 8 章 公式与函数\示例 8-44 计算最近 3 天的销售额.xlsx。

图 8-88 所示是某销售部的销售流水记录，每天的销售情况都会按顺序记录到该工作表中。现需要计算最近 3 天的销售额。也就是无论 A～B 列中的数据记录添加多少，始终计算最后 3 行的总和。

在 D2 单元格中输入以下公式。

```
=SUM(OFFSET(B1,COUNT(B2:B999),0,-3))
```

"COUNT(B2:B999)"部分，用于计算 B2:B999 单元格区域中有多少个数值，计算结果用作 OFFSET

图 8-88   计算最近 3 天的销售额

函数的行偏移量。

OFFSET 函数以 B1 单元格做基点，向下偏移的行数就是 B 列数值的个数，B 列数据每增加一条，OFFSET 函数的偏移行数就增加一行，因此偏移后的位置始终是 B 列数值的最后一条记录所在单元格。

OFFSET 函数列偏移量是 0，新引用的行数是-3。也就是向下偏移到 B 列数值的最后一条记录所在单元格后，再以此位置为新的基点，返回该位置向上 3 行的引用。

最后，使用 SUM 函数对 OFFSET 函数返回的引用求和汇总，得到最近 3 天的销售额。

注意

使用 COUNT 函数统计结果作为 OFFSET 函数的偏移量时，B 列记录中不能有空行，否则会使偏移后的基点位置不准确。

示例结束

2. COUNTA 函数

COUNTA 函数用于计算指定范围中不为空的单元格的个数。

示例 8-45　为合并单元格添加序号

素材所在位置：

光盘：\素材\第 8 章 公式与函数\示例 8-45 为合并单元格添加序号.xlsx。

图 8-89 展示了某单位各部门的员工信息，不同的部门使用了合并单元格，需要在 A 列大小不一的合并单元格内添加序号。

如果按常规方法，在首个合并单元格内输入数值 1，拖动填充柄填充序列时会弹出图 8-90 所示的对话框，无法完成操作。

图 8-89　合并单元格添加序号　　　　　　　　　　图 8-90　提示对话框

可同时选中 A2:A9 单元格区域，在编辑栏输入以下公式，按<Ctrl+Enter>组合键。

`=COUNTA(B$2:B2)`

COUNTA 函数以 B$2:B2 作为计数参数，第一个 B2 使用行绝对引用，第二个 B2 使用相对引用，按<Ctrl+Enter>组合键在多单元格同时输入公式后，引用区域会自动进行扩展。在 A2 单元格中的引用范围是 B$2:B2，在 A5 单元格中的引用范围扩展为 B$2:B5，以此类推。也就是开始位置是 B2 单元格，结束位置是公式所在行，COUNTA 函数统计该区域内不为空的单元格数量，计算结果即等同于序号。

示例结束

8.8.4　条件计数类函数的应用

同条件求和类函数一样，条件计数类函数在日常工作中的使用也非常广泛，COUNTF(S)函数是最常用于条件计数的函数之一。

1. 认识 COUNTIF(S)函数

COUNTIF 函数主要用于统计满足某个条件的单元格的数量，其语法为：

```
COUNTIF(range,criteria)
```

第一参数表示是统计数量的单元格范围。第二参数是用于指定统计的条件。

COUNTIFS 函数用于对某一区域内满足多重条件的单元格进行计数。该函数的语法为：

条件计数类函数
的应用

```
COUNTIFS(criteria_range1,criteria1,[criteria_range2,criteria2],…)
```

可以理解为：

```
COUNTIFS(条件区域1,条件1,条件区域2,条件2,条件区域n,条件n)
```

COUNTIF 和 COUNTIFS 函数的计数条件参数中都支持使用通配符以及数字、文本字符串、表达式和单元格引用等，但其余参数则只支持单元格引用，不支持使用数组等形式。

2. 单条件计数

COUNTIF 函数常用于对单元格引用范围中符合单个指定条件的值进行计数。

示例 8-46　统计不同性别人数

素材所在位置：

光盘：\素材\第 8 章 公式与函数\示例 8-46 统计不同性别人数.xlsx。

图 8-91 所示是某学校的学生代表名单，需要统计不同性别人数。

在 E3 单元格中输入以下公式，向下复制到 E4 单元格。

```
=COUNTIF(B$2:B$10,D3)
```

公式中的 B$2:B$10 是要统计数量的单元格范围，D3 是指定要统计的条件。COUNTIF 函数在 B$2:B$10 单元格区域中，统计与 D3 内容相同的单元格的数量。

图 8-91　统计不同性别人数

示例结束

与 SUMIF 函数类似，COUNTIF 函数第二参数也支持使用公式表达式、文本字符串和单元格引用等，极大丰富了 COUNTIF 函数的计算能力。

示例 8-47　统计不同区间的业务笔数

素材所在位置：

光盘：\素材\第 8 章 公式与函数\示例 8-47 统计不同区间的业务笔数.xlsx。

图 8-92 展示了某单位销售业绩表的部分内容，需要统计不同区间销售额的业务笔数。

在 E3 单元格中输入以下公式，向下复制到 E4 单元格。

```
=COUNTIF($B$2:$B$10,D3)
```

COUNTIF 函数的第二参数使用字符串表达式，统计条件为"<20 000"，即统计$B$2:$B$10 单元格区域中小于 20 000 的数目。

在 COUNTF 函数第二参数中直接使用比较运算符时，比较运算符和单元格引用之间必须用文本连接符"&"进行连接。

如图 8-93 所示，D3 单元格是需要判断的节点，E3 单元格使用以下公式计算小于 20 000 的业务笔数。

```
=COUNTIF($B$2:$B$10,"<"&D3)
```

图 8-92　统计不同区间的业务笔数

图 8-93　COUNTF 第二参数使用比较运算符

3．使用通配符进行条件计数

在 COUNTIF(S)函数的计数条件参数中，支持使用通配符问号（？）和星号（*），但是只能在求和范围是文本内容的前提下使用通配符。

示例 8-48　统计各年级获奖人员个数

素材所在位置：

光盘：\素材\第 8 章 公式与函数\示例 8-48 统计各年级获奖人员个数.xlsx。

图 8-94 所示是某学校演讲比赛获奖人员名单表，需要根据 E5～E7 单元格中指定的年级，汇总各年级获奖人员的个数。

图 8-94　按年级汇总比赛总分

在 F5 单元格中输入以下公式，向下复制到 F7 单元格。

```
=COUNTIF(A:A,E5&"*")
```

COUNTIF 函数计数条件使用"E5&"*""，表示以 E5 单元格内容开头的所有字符串。如果 A$2:A$13 单元格区域中的字符以 E5 中的内容"高一"开头，则对其进行计数统计。

示例 8-49　检查重复身份证号码

素材所在位置：

光盘：\素材\第 8 章 公式与函数\示例 8-49 检查重复身份证号码.xlsx。

图 8-95 展示的是某企业员工信息表，需要核对 B 列的身份证号码是否存在重复。

在 C2 单元格中输入以下公式，向下复制到 C9 单元格。

`=IF(COUNTIF($B$2:$B$9,B2&"*")>1,"是","")`

身份证号码是 18 位，而 Excel 的最大数字精度是 15 位，因此对身份证号码中 15 位以后的数字都视为 0 处理。这种情况下，只要身份证号码的前 15 位相同，COUNTIF 函数就会识别为相同内容，而无法判断最后 3 位是否一致。

第二参数添加通配符&"*"，表示查找以 B2 单元格内容开始的文本，最终返回$B$2:$B$9 单元格区域中该身份证号码的实际数目。

最后使用 IF 函数进行判断，如果 COUNTF 函数的结果大于 1，则表示该身份证号码重复。

图 8-95　检查重复身份证号码

示例结束

4. 统计不重复值的个数

在实际工作中，经常需要统计不重复值的个数，例如统计人员信息表中不重复的人员数或部门数等。

示例 8-50　统计不重复的部门数

素材所在位置：

光盘：\素材\第 8 章　公式与函数\示例 8-50 统计不重复的部门数.xlsx。

图 8-96 所示为某单位人员考评表的部分内容，需要统计不重复部门的个数。

	A	B	C	D	E
1	姓名	部门	考评得分		部门个数统计
2	陆艳菲	财务部	52		4
3	杨庆东	财务部	84		
4	任继先	财务部	92		
5	陈尚武	测试部	70		
6	李光明	人力资源部	97		
7	李厚辉	测试部	56		
8	毕淑华	IT部	85		
9	赵会芳	IT部	65		
10	赖群毅	测试部	54		
11	李从林	IT部	99		
12	张鹤翔	人力资源部	71		

图 8-96　统计不重复部门数

在 E2 单元格中输入以下公式。

`=SUMPRODUCT(1/COUNTIF(B2:B12,B2:B12))`

公式中的 COUNTIF(B2:B12,B2:B12)部分，表示在 B2:B12 单元格区域中依次统计从 B2 到 B12 的每个元素出现的个数，返回内存数组{3;3;3;3;2;3;3;3;3;3;2}。

用 1 除以这个数组后，得到每个元素个数的倒数。

`{1/3; 1/3;1/3;1/3;1/2;1/3;1/3;1/3;1/3;1/3;1/2}`

如果单元格的值在区域中只出现过一次，这一步的结果是 1。如果重复出现两次，这一步的结果就有两个 1/2。如果单元格的值在区域中重复出现 3 次，结果就有 3 个 1/3…即每个元素对应的倒数合计起来结果仍是 1。最后用 SUMPRODUCT 函数求和，结果就是不重复部门的个数。

示例结束

5. "并且"关系的多条件计数

COUNTIFS 函数常用于同时符合多个条件，即"并且"关系的多条件计数统计。

示例 8-51　统计两门成绩均大于 80 的人数

素材所在位置：

光盘：\素材\第 8 章 公式与函数\示例 8-51 统计两门成绩均大于 80 的人数.xlsx。

图 8-97 所示是某学校期中考试成绩表的部分内容，要统计数学和语文两门成绩都大于 80 的人数。即统计 B 列和 C 列中两项都大于 80 的个数。

图 8-97　统计两门成绩均大于 80 的人数

在 E2 单元格中输入以下公式。

```
=COUNTIFS(B2:B10,">80",C2:C10,">80")
```

公式使用两组区域/条件对，表示统计 B2:B10 单元格区域大于 80，并且 C2:C10 单元格区域也大于 80 的个数。

示例结束

6.“或”关系的多条件求和

COUNTIF 函数求和条件参数中使用常量数组或其他表达式，搭配 SUM 函数或 SUMPRODUCT 函数，可以完成关系为“或”的多条件计数统计。

示例 8-52　“或”关系的多条件计数

素材所在位置：

光盘：\素材\第 8 章 公式与函数\示例 8-52　“或”关系的多条件计数.xlsx。

图 8-98 所示是某学校演讲比赛获奖人员名单表，需要根据 E5～E6 单元格中指定的年级，同时统计高一及高二年级获奖人员的总个数。

图 8-98　按年级汇总比赛总分

在 F5 单元格中输入以下公式。

```
=SUMPRODUCT(COUNTIF(A:A,E5:E6&"*"))
```

以 E5:E6 区域的年级和通配符"*"组成的字符串作为 COUNTIF 函数的条件参数，分别得到高一和高二年级获奖人员的个数，最后再使用 SUMPRODUCT 函数汇总求和。

示例结束

7. 多表条件计数

示例 8-53　多表条件计数

素材所在位置：

光盘：\素材\第 8 章　公式与函数\示例 8-53 多表条件计数.xlsx。

如图 8-99 所示，3 个班级的考试成绩数据分处于同一个工作簿的 3 张工作表中，现在需要在"汇总"工作表上统计 3 个班级学生的考评等级合计个数。

图 8-99　多表条件计数

在"汇总"工作表的 B2 单元格输入以下公式，向下复制到 B5 单元格。

`=SUM(COUNTIF(INDIRECT({"一","二","四"}&"班!D:D"),A2))`

INDIRECT({"一","二","四"}&"班!D:D")部分，使用 INDIRECT 函数构建了 3 个班级分表考试等级所在列（D 列）的区域引用，作为 COUNTIF 的查询区域。

`{"一班!D:D","二班!D:D","四班!D:D"}`

COUNTIF 函数以 A2 单元格中的考试等级作为查询条件，分别对 3 张分表符合条件的数据计数统计，最后使用 SUM 函数汇总，即得到各考试等级段的学员总个数。

示例结束

8.8.5　SUMPRODUCT 函数应用

1. 认识 SUMPRODUCT 函数

SUMPRODUCT 函数兼具条件求和及条件计数两大功能，该函数的作用是在给定的几组数组中，将数组间对应的元素相乘，并返回乘积之和。函数语法为：

`SUMPRODUCT(array1,[array2],[array3],...)`

SUMPRODUCT
函数应用

各参数是需要进行相乘并求和的数组。从字面理解，SUM 是求和，PRODUCT 是乘积，SUMPRODUCT 就是把数组间所有的元素对应相乘，然后把乘积相加。

各个数组参数必须具有相同的尺寸，否则将返回错误值。SUMPRODUCT 函数将非数值型的数组元素作为 0 处理。

示例 8-54　计算商品总价

素材所在位置：

光盘：\素材\第 8 章 公式与函数\示例 8-54 计算商品总价.xlsx。

图 8-100 所示是不同商品数量和单价的明细记录，使用 SUMPRODUCT 函数可以直接计算出商品总价。在 E3 单元格中输入以下公式。

`=SUMPRODUCT(B2:B6,C2:C6)`

公式将 B2:B6 和 C2:C6 两个数组的所有元素对应相乘，然后把乘积相加，即 2*5+3*6.5+5*5+2*9+3*4，如图 8-101 所示。

图 8-100　计算商品总价　　　　图 8-101　SUMPRODUCT 函数计算过程

示例结束

2. 使用 SUMPRODUCT 多条件求和

SUMPRODUCT 函数常用于多条件求和，多条件求和时的通用写法是：

`=SUMPRODUCT(条件 1*条件 2*…条件 n,求和区域)`

示例 8-55　使用 SUMPRODUCT 函数多条件求和

素材所在位置：

光盘：\素材\第 8 章 公式与函数\示例 8-55 使用 SUMPRODUCT 函数多条件求和.xlsx。

如图 8-102 所示，要计算符合商品名称和规格型号两个条件的总销量。

图 8-102　使用 SUMPRODUCT 函数多条件求和

在 H3 单元格中输入以下公式。

`=SUMPRODUCT((B2:B10=F3)*(C2:C10=G3),D2:D10)`

"(B2:B10=F3)"部分，判断 B 列的商品名称是否等于 F3 单元格指定的名称，得到一组逻辑值。

{TRUE;FALSE;TRUE;FALSE;TRUE;FALSE;FALSE;FALSE;TRUE}

"(C2:C10=G3)"部分，判断 C 列的规格型号是否等于 G3 单元格指定的型号，得到一组逻辑值。

{TRUE;FALSE;FALSE;FALSE;TRUE;FALSE;FALSE;FALSE;TRUE}

两组逻辑值对应相乘，TRUE*TURE 时结果为 1，其他均为 0。

{1;0;0;0;1;0;0;0;1}

再将这个数组与 D2:D10 部分对应相乘，由于 D6 单元格的值为"数据缺失"，属于文本型数据，SUMPRODUCT 将其转化为 0 处理。最后将两个参数的乘积相加，得到计算结果 3。

> **示例结束**

另外一种常见的 SUMPRODUCT 多条件求和写法是：

=SUMPRODUCT(条件 1*条件 2*…条件 n*求和区域)

> **示例 8-56　按月份计算销售总额**

> 素材所在位置：
> 光盘：\素材\第 8 章 公式与函数\示例 8-56 按月份计算销售总额.xlsx。

图 8-103 所示是某公司销售记录的部分内容，分别是 3 位业务员在不同月份的销售金额，需要按照 F3 单元格指定的月份，计算该月份 3 位业务员的销售总额。

图 8-103　按月份计算销售总额

在 G3 单元格中输入以下公式。

=SUMPRODUCT((A2:A10=F3)*B2:D10)

或输入数组公式，按<Ctrl+Shift+Enter>组合键。

{=SUM((A2:A10=F3)*B2:D10)}

首先用"A2:A10=F3"比较 A 列中的月份是否等于 F3 单元格指定的月份，然后用比较后的逻辑值分别与 B2:D10 单元格区域的每个元素对应相乘，如图 8-104 所示。

图 8-104　计算过程

最后使用 SUMPRODUCT 函数对乘积进行求和。

 注意

> 两种 SUMPRODUCT 函数多条件求和写法的区别是，第一种写法 SUMPRODUCT 函数拥有两个参数，要求各个参数的区域大小一致，同时求和区域的非数值数据会被转换为 0 后参与乘积运算。第二种写法 SUMPRODUCT 只拥有一个参数，非数值的数据在参与乘积运算时不会被转换为 0。

3. 使用 SUMPRODUCT 条件计数

SUMPRODUCT 函数除了可以用于多条件求和，还可以用于多条件计数，多条件计数时的通用写法是：

`=SUMPRODUCT(条件 1*条件 2*…条件 n)`

示例 8-57　统计考核为优秀的女生人数

素材所在位置：

光盘：\素材\第 8 章　公式与函数\示例 8-57 统计考核为优秀的女生人数.xlsx。

图 8-105 所示为某学校体育项目考核表的部分内容，需要统计考核为优秀的女生人数。

图 8-105　统计考核为优秀的女生人数

在 F2 单元格中输入以下公式。

`=SUMPRODUCT((B2:B10="女")*(D2:D10="优秀"))`

公式分别用"B2:B10="女""和"D2:D10="优秀""对性别和考核评定内容进行判断，分别返回一组逻辑值，再将比对后得到的两组逻辑值相乘，最后用 SUMPRODUCT 函数计算乘积的总和。

8.8.6　平均值函数的应用

1. 认识 AVERAGE 函数

AVERAGE 函数用于返回参数的算术平均值，其基本语法为：

`AVERAGE(number1,[number2],...)`

参数是要计算平均值的数字、单元格引用或单元格区域。

示例 8-58　计算考试平均分

素材所在位置：

光盘：\素材\第 8 章　公式与函数\示例 8-58 计算考试平均分.xlsx。

图 8-106 所示是某学校外语演讲比赛成绩表的部分内容，要计算考核成绩的平均分。

在 E2 单元格中输入以下公式。

```
=ROUND(AVERAGE(C2:C10),2)
```

首先使用 AVERAGE 函数计算出 C2:C10 单元格区域的平均数，再使用 ROUND 函数将计算结果保留为两位小数。

图 8-106　计算考试平均分

> **示例结束**

2. 单条件计算平均值

AVERAGEIF 函数可以返回某个区域内符合多个条件的算术平均值，该函数的语法和实际用法与 SUMIF 函数类似。

第一参数是用于判断条件的单元格区域。第二参数是计算平均值的条件。第三参数是计算平均值的实际单元格区域，如果省略第三参数，则对第一参数计算平均值。

> **示例 8-59　计算指定条件的考试平均分**

素材所在位置：

光盘：\素材\第 8 章 公式与函数\示例 8-59 计算指定条件的考试平均分.xlsx。

仍以示例 8-58 中的演讲比赛成绩表为例，需要计算二班的平均分，如图 8-107 所示。

在 E2 单元格中输入以下公式。

```
=AVERAGEIF(B2:B10,"二班",C2:C10)
```

图 8-107　计算指定条件的考试平均分

B2:B10 是要判断条件的单元格区域，C2:C10 是要计算平均值的单元格区域。如果 B2:B10 的班级等于指定的条件"二班"，则对 C2:C10 单元格区域对应的数值计算平均值。

> **示例结束**

3. 多条件计算平均值

AVERAGEIFS 函数用于计算某个区域内符合多个条件的算术平均值，其用法与 SUMIFS 函数类似。

> **示例 8-60　多条件计算考试平均分**

素材所在位置：

光盘：\素材\第 8 章 公式与函数\示例 8-60 多条件计算考试平均分.xlsx。

如图 8-108 所示，要计算演讲比赛成绩表内二班的女生平均分。

	A	B	C	D	E	F
1	姓名	性别	班级	成绩		二班女生平均分
2	林雨菲	女	一班	82		91
3	尹夏沫	男	三班	84		
4	龙雨轩	男	五班	86		
5	夏无尘	女	二班	96		
6	魏子修	男	三班	87		
7	叶水颜	女	一班	87		
8	南宫哲	男	三班	84		
9	季溪羽	女	五班	92		
10	叶雅澜	女	二班	86		

图 8-108　多条件计算考试平均分

在 F2 单元格中输入以下公式。

```
=AVERAGEIFS(D2:D10,B2:B10,"女",C2:C10,"二班")
```

第一参数 D2:D10 是用于计算平均值的单元格区域。"B2:B10,"女""和"C2:C10,"二班""两部分分别是两组区域/条件对。如果 B2:B10 的性别等于"女",并且 C2:C10 的班级等于"二班",则对 D2:D10 单元格区域对应的数值计算平均值。

示例结束

4．计算去除最高/最低值的平均值

TRIMMEAN 函数用于返回数据集的内部平均值,从数据集的头部和尾部除去一定百分比的数据点,然后再计算平均值。当希望在数据分析中剔除一部分数据计算时,可以使用此函数。

TRIMMEAN 函数的格式如下。

```
TRIMMEN(array,percent)
```

第一参数为求平均值的数组或数值区域。第二参数为从计算中排除数据点的比例。如果排除的数据点数目为奇数,将向下舍入最接近的 2 的倍数。

示例 8-61   计算去除极值的平均得分

素材所在位置:

光盘:\素材\第 8 章 公式与函数\示例 8-61 计算去除极值的平均得分.xlsx。

图 8-109 所示为某比赛参赛人员的得分记录表,需要统计去掉一个最高分和一个最低分后的平均得分。

	A	B	C	D	E	F	G	H
1	姓名	得分1	得分2	得分3	得分4	得分5	得分6	平均得分
2	陆艳菲	25.83	63.29	87.77	78.29	77.81	51.79	67.79
3	杨庆东	75.48	79.66	39.67	79.97	36.95	63.26	64.52
4	任继先	39.44	84.17	20.93	65.28	25.99	72.44	50.79
5	陈尚武	45.63	32.67	24.29	26.22	77.29	46.30	37.71
6	李光明	34.57	79.79	29.33	14.44	29.32	27.92	30.29
7	李厚辉	42.47	28.89	52.83	28.23	40.67	55.79	41.22
8	毕淑华	84.54	9.42	82.09	25.31	73.75	20.16	50.33
9	赵会芳	14.55	88.03	52.75	14.83	82.84	78.56	57.25
10	赖群毅	86.27	93.20	66.77	92.55	56.89	23.28	75.62

图 8-109   计算去除极值的平均气温

在 H2 单元格中输入以下公式,向下复制到 H10 单元格。

```
=TRIMMEAN(B2:G2,2/6)
```

TRIMMEN 函数的第二参数使用"2/6",表示在 B2:G2 单元格区域的 6 组数据中,去除一个最高值和一个最低值,然后计算平均值。

示例结束

8.8.7 | 其他常用数学统计函数的应用

1．极值应用函数

MIN 函数返回一组数值中的最小值,MAX 函数返回一组数值中的最大值。

示例 8-62   计算最高和最低考核成绩

素材所在位置:

光盘:\素材\第 8 章 公式与函数\示例 8-62 计算最高和最低考核成绩.xlsx。

如图 8-110 所示，要计算演讲比赛成绩表内的最高分和最低分。

在 E2 单元格中输入以下公式，计算 C2:C10 单元格的最大值，也就是最高分数。

`=MAX(C2:C10)`

在 F2 单元格中输入以下公式，计算 C2:C10 单元格的最小值，也就是最低分数。

`=MIN(C2:C10)`

示例结束

2. 条件计算最大（小）值

在 Excel 2010 中计算指定条件的最大值或最小值时，没有提供类似条件求和函数 SUMIF 这样可以直接处理的函数，计算时需要用到数组公式。

示例 8-63　计算符合条件的最大值和最小值

素材所在位置：
光盘：\素材\第 8 章 公式与函数\示例 8-63 计算符合条件的最大值和最小值.xlsx。

如图 8-111 所示，需要在演讲比赛成绩表内，统计"二班"的最高分数。

图 8-110　计算最高和最低考核成绩

图 8-111　计算符合条件的最大值

在 F2 单元格中输入以下数组公式，按<Ctrl+Shift+Enter>组合键。

`{=MAX(IF(C2:C10="二班",D2:D10))}`

IF(C2:C10="二班",D2:D10)部分，IF 函数的第三参数省略，如果"C2:C10="二班""的条件成立，即返回第二参数 D2:D10 对应的值，否则返回逻辑值 FALSE。返回一组由数值和逻辑值 FALSE 组成的结果。

`{FALSE;FALSE;FALSE;96;FALSE;92;FALSE;FALSE;79}`

其中的数值部分，对应 C2:C10 单元格区域中等于"二班"的位置。MAX 函数在计算时，忽略数组或引用中的空白单元格、逻辑值及文本，因此只计算 96、92、79 三个数值中的最大值，结果为 96。

同理，如果要计算二班的最低分数，只要将 MAX 函数更改为 MIN 函数即可。如图 8-112 所示，在 G2 单元格中输入以下数组公式，按<Ctrl+Shift+Enter>组合键。

图 8-112　计算符合条件的最小值

`{=MIN(IF(C2:C10="二班",D2:D10))}`

公式计算原理与前者相同。

示例结束

3. 认识 SMALL 和 LARGE 函数

SMALL 函数返回数据集中的第 k 个最小值,其语法为:

```
SMALL(array,k)
```

第一参数是需要查找数据的数组或单元格区域。第二参数是指定要返回的数据在数组或数据区域里的位置(从小到大)。

LARGE 函数返回数据集中第 k 个最大值,该函数的参数特性和使用方法与 SMALL 函数相同。

示例 8-64   统计前 3 名销量之和

素材所在位置:

光盘:\素材\第 8 章 公式与函数\示例 8-64 统计前 3 名销量之和.xlsx。

图 8-113 所示是某公司销售数据表的部分内容,需要统计前 3 名销量之和。

在 D2 单元格中输入以下公式。

```
=SUM(LARGE(B2:B10,{1,2,3}))
```

图 8-113   统计前三名销量之和

公式使用数组常量{1,2,3}作为 LARGE 函数的第二参数,表示分别提取 B2:B10 单元格区域中的第 1 个、第 2 个和第 3 个最大值,返回结果为{957,945,905},最后使用 SUM 函数求和汇总。

示例结束

8.8.8 | Frequency 函数的应用

FREQUENCY 常用于统计数据的分布频率,随着对这个函数研究的不断深入,在日常工作中使用范围也越来越广泛。

该函数语法为:

```
FREQUENCY(data_array,bins_array)
```

参数 data_array 为一个数组或引用,用来计算频率。参数 bins_array 为间隔的数组或对间隔的引用,该间隔对于 data_array 中的数值进行分组统计。

FREQUENCY 函数按 n 个分段点划分为 n+1 个区间。对于每一个分段点,按照向上舍入原则进行统计,即统计小于等于此分段点,大于上一分段点的频数,结果生成 n+1 个统计值,多出的元素表示最高间隔以上的计数结果。计算时忽略文本值、逻辑值和空单元格,只对数值进行统计。

此外,FREQUENCY 函数的 bins_array 参数支持乱序排列,统计时该函数自动按分段点的有效数值从小到大排序,进行分段统计得到频数统计结果,并按原 bins_array 顺序返回对应结果,对于参数 bins_array 中重复出现的分段点值数据,只在该分段点首次出现时返回其统计频数,其后重复出现的分段点返回统计频数为 0。

示例 8-65   提取不重复的第 N 个最大值

素材所在位置:

光盘:\素材\第 8 章 公式与函数\示例 8-65 提取不重复的第 N 个最大值.xlsx。

图 8-114 所示为某班级考试成绩表的部分内容,需要提取不重复的第 3 名的成绩。2 个 100 都为第 1 名,3 个 98 都为第 2 名,因此不重复的第 3 名成绩应是 96。

图 8-114 提取不重复的第 3 个最大值

在 D2 单元格中输入以下公式。

```
=LARGE(IF(FREQUENCY(B2:B15,B2:B15),B2:B15),3)
```

利用 FREQUENCY 函数统计 B2:B15 单元格每个元素分别出现的频率，返回内存数组{2;1;3;1;0;1;1;0;1;1;0;1;1;1;0}。

由于 FREQUENCY 函数仅在数值首次出现时返回该数值在数据区间中的个数，其他返回 0，因此用 IF 函数判断内存数组是否大于 0，并返回由首次出现的次数和逻辑值 FALSE 组成的新数组{100;69;98;51;FALSE;57;49;FALSE;37;78;FALSE;74;96;92;FALSE}。

最后使用 LARGE 函数忽略逻辑值得出第 3 个最大值，即不重复的第 3 名的成绩。

示例结束

FREQUENCY 函数常用于统计某个数据连续出现的频次，例如某只球队连胜或连败的最多次数等。

示例 8-66   计算连续胜出的最多次数

素材所在位置：

光盘：\素材\第 8 章 公式与函数\示例 8-66 计算连续胜出的最多次数.xlsx。

图 8-115 所示为某学校足球队比赛记录表的部分内容，需要计算连续胜出最多的次数。

图 8-115 计算连续胜出最多的次数

在 D2 单元格中输入以下数组公式，按<Ctrl+Shift+Enter>组合键。

```
=MAX(FREQUENCY(IF(B2:B15="胜",ROW(2:15)),IF(B2:B15<>"胜",ROW(2:15))))
```

利用 IF 函数判断 B2:B15 单元格等于"胜"的记录，返回由所在行的行号以及逻辑值组成的内存数组。

{2;FALSE;4;5;6;7;FALSE;FALSE;FALSE;FALSE;12;13;FALSE;15}

再次利用 IF 函数判断 B2:B15 单元格不等于"胜"的记录,返回由所在行的行号以及逻辑值构成的内存数组。

`{FALSE;3;FALSE;FALSE;FALSE;FALSE;8;9;10;11;FALSE;FALSE;14;FALSE}`

再用 FREQUENCY 函数对两个数组进行统计,统计时忽略数组中的逻辑值 FALSE,相当于以下计算。

`FREQUENCY({2;4;5;6;7;12;13;15},{3;8;9;10;11;14})`

返回数组结果{1;4;0;0;0;2;1},最后再用 MAX 函数计算其中最大的数值。

示例结束

8.8.9 筛选状态下的数据统计

1. 认识 SUBTOTAL 函数

SUBTOTAL 函数只统计可见单元格的内容,通过给定不同的第一参数,可以完成计数、求和、平均值和乘积等多种汇总方式。其基本语法为:

`SUBTOTAL(function_num,ref1,[ref2],...)`

第一参数使用数字 1~11 或 101~111,用于指定要为分类汇总使用哪种函数。第二参数是需要对其进行分类汇总计算的单元格区域。

第一参数如果使用 1~11,将包括手动隐藏的行。使用 101~111 时,则排除手动隐藏的行。无论使用数字 1~11 或 101~111,始终排除已筛选掉的单元格。

SUBTOTAL 函数的第一参数说明如表 8-3 所示。

表 8-3　　　　　　　　　　　SUBTOTAL 函数不同的第一参数及作用

第一参数使用的数字（包含手工隐藏行）	第一参数使用的数字（忽略手工隐藏行）	使用的函数	说明
1	101	AVERAGE	求平均值
2	102	COUNT	求数值的个数
3	103	COUNTA	求非空单元格的个数
4	104	MAX	求最大值
5	105	MIN	求最小值
6	106	PRODUCT	求数值连乘的乘积
7	107	STDEV.S	求样本标准偏差
8	108	STDEV.P	求总体标准偏差
9	109	SUM	求和
10	110	VAR.S	求样本样本的方差
11	111	VAR.P	求总体方差

 注意

SUBTOTAL 函数仅适用于数据列或垂直区域,不适用于数据行或水平区域。

示例 8-67　按部门筛选后的数据统计

素材所在位置:

光盘:\素材\第 8 章 公式与函数\示例 8-67 按部门筛选后的数据统计.xlsx。

图 8-116 所示为某企业销售情况，需要对按筛选后的销售额进行汇总计算。

计算销售总额的公式为：

`=SUBTOTAL(9,C2:C11)`

计算平均销售额公式为：

`=SUBTOTAL(1,C2:C11)`

计算最高销售额的公式为：

`=SUBTOTAL(4,C2:C11)`

计算最低销售额的公式为：

`=SUBTOTAL(5,C2:C11)`

图 8-116 按部门筛选后的数据统计

示例结束

2. 制作筛选后依然保持连续的序号

在实际工作中，经常会遇到一些需要筛选后打印的数据表。如果按常规方法输入序号后，一旦数据经过筛选，序号就会发生错乱。使用 SUBTOTAL 函数可以制作筛选后依然保持连续的序号。

示例 8-68　筛选后依然保持连续的序号

素材所在位置：

光盘：\素材\第 8 章　公式与函数\示例 8-68 筛选后依然保持连续的序号.xlsx。

图 8-117 所示是某学校体能测试成绩表的部分内容。使用筛选操作，仅显示 1 年级和 3 年级的数据后，A 列的序号发生错乱。

图 8-117　序号发生错乱的数据表

如需在报表中执行筛选操作后，A 列的序号依然能保持连续，可以先取消筛选，然后在 A2 单元格输入以下公式，向下复制到 A14 单元格。

`=SUBTOTAL(3,B$2:B2)*1`

再执行筛选操作后，A 列中的序号始终保持连续，如图 8-118 所示。

公式中的 B$2:B2 部分，利用绝对引用和相对引用，实现当公式向下填充时依次变为 B$2:B3 和 B$2:B4，即 SUBTOTAL 函数的统计区域自动扩展至当前行所在位置。

第一参数使用 3，就是告诉 SUBTOTAL 函数要执行的汇总方式是 COUNTA 函数。COUNTA 函数用于计算区域中非空单元格的个数，用 SUBTOTAL(3,区域)，就是计算区域中可见的非空单元格个数。

直接使用 SUBTOTAL 函数时，在筛选状态下 Excel 会将最后一行作为汇总行，从而导致筛选结果发生错误。最后通过乘 1 计算，可以避免筛选时导致的末行序号出错。

图 8-118　序号保持连续

8.9　数学类函数的应用

掌握 Excel 数学计算类函数的基础应用技巧，可以在数据处理分析中快速完成舍入、取余等数学计算。

8.9.1　认识 MOD 函数

在数学概念中，余数是被除数与除数进行整除运算后剩余的数值，余数的绝对值必定小于除数的绝对值。例如 13 除以 5，余数为 3。

MOD 函数用来返回两数相除后的余数，其结果的正负号与除数相同。MOD 函数的语法结构为：

```
MOD(number,divisor)
```

第一参数是被除数，第二参数是除数。

示例 8-69　根据身份证号码判断性别

素材所在位置：

光盘：\素材\第 8 章 公式与函数\示例 8-69 根据身份证号码判断性别.xlsx。

整数包括奇数和偶数，能被 2 整除的数是偶数，否则为奇数。在实际工作中，可以使用 MOD 函数计算数值除以 2 的余数，利用余数的大小判断数值的奇偶性。

以下公式可以判断数值 19 的奇偶性。

```
=IF(MOD(19,2),"奇数","偶数")
```

MOD(19,2)部分的计算结果为 1，在 IF 函数的第一参数中，非零数值相当于逻辑值 TRUE，最终返回判断结果为"奇数"。

如图 8-119 所示，利用 MOD 函数判断身份证号码中性别标识位的奇偶性，可以识别性别。

在 C2 单元格中输入以下公式，向下复制到 C9 单元格。

```
=IF(MOD(MID(B2,17,1),2),"男","女")
```

先使用 MID 函数提取 B2 单元格第 17 位的字符，再使用 MOD 函数计算与 2 相除的余数，返回 1 或是 0。

最后使用 IF 函数，根据 MOD 函数的计算结果返回指定值。MOD 函数计算结果为 1 时，IF 函数返回"男"，否则返回"女"。

图 8-119　根据身份证号码判断性别

利用 MOD 函数结合自然数序列，可以生成不同的循环序列，该技巧常作为其他引用函数的参数，用于周期性的返回某个区域中的内容。

示例 8-70　将一列数据拆分为多列

素材所在位置：

光盘：\素材\第 8 章 公式与函数\示例 8-70 将一列数据拆分为多列.xlsx。

如图 8-120 所示，A 列是某班级人员姓名，现在需要将该列数据拆分为 n 行 4 列。

图 8-120　将一列数据拆分为多列

在 C2 单元格中输入以下公式，并复制到 C2:F9 单元格区域。

```
=OFFSET($A$1,ROW(A1)*4-3+MOD(COLUMN(D1),4),)&""
```

ROW(A1)*4-3 部分，随着公式向下复制填充，依次生成 1、5、9……的序列。

MOD(COLUMN(D1),4)部分，随着公式的横向复制填充，依次生成 0、1、2、3 的循环序列。

两个部分序列相加，在 C2:F9 单元格区域构成了步长为 1 的区域递增序列，以此作为 OFFSET 的第二参数，偏移取数，得出最终结果。

示例结束

8.9.2 | 常用的取舍函数

在对数值的处理中，经常会遇到进位或舍去的情况。例如，去掉某数值的小数部分、按 1 位小数四舍五入或保留 4 位有效数字等。

Excel 2010 提供了以下常用的取舍函数，如表 8-4 所示。

表 8-4　　　　　　　　　　　　　　常用取舍函数汇总

函数名称	功能描述
INT	取整函数，将数字向下舍入为最接近的整数
TRUNC	将数字直接截尾取整
ROUND	将数字四舍五入到指定位数
MROUND	返回参数按指定基数进行四舍五入后的数值
ROUNDUP	将数字朝远离零的方向舍入，即向上舍入
ROUNDDOWN	将数字朝向零的方向舍入，即向下舍入
CEILING	将数字向上舍入为最接近的整数，或最接近的指定基数的整数倍

函数名称	功能描述
FLOOR	将数字向下舍入为最接近的整数，或最接近的指定基数的整数倍
EVEN	将正数向上舍入、负数向下舍入为最接近的偶数
ODD	将正数向上舍入、负数向下舍入为最接近的奇数

1. 四舍五入 ROUND 函数

ROUND 函数是最常用的四舍五入函数之一，用于将数字四舍五入到指定的位数。该函数对需要保留位数的右边 1 位数值进行判断，若小于 5 则舍弃，若大于等于 5 则进位。

其语法结构为：

```
ROUND(number,num_digits)
```

第 2 个参数用于指定小数位数。若为正数，则对小数部分进行四舍五入；若为负数，则对整数部分进行四舍五入。

示例 8-71　计算销售提成额

素材所在位置：

光盘：\素材\第 8 章 公式与函数\示例 8-71 计算销售提成额.xlsx。

图 8-121 所示是某公司的销售数据，C 列的销售提成计算公式为销售额×13.3%，计算后的结果有多位小数，现在需要将计算结果四舍五入到整数。

在 C2 单元格中输入以下公式，向下复制到 C9 单元格。

```
=ROUND(B2*0.133,0)
```

ROUND 函数第二参数使用 0，表示四舍五入到整数。如需将提成额四舍五入到十位，可以使用以下公式。

```
=ROUND(B2*0.133,-1)
```

如需将提成额四舍五入到小数点后两位，可以使用以下公式。

```
=ROUND(B2*0.133,2)
```

图 8-121　计算销售提成额

示例结束

2. 向下舍入取整的 INT 函数

INT 函数的作用是将数字向下舍入到最接近的整数，例如公式=INT(7/3)，结果为 2。

使用 INT 函数能够生成递增的循环序列，因此 INT 函数也经常作为引用类函数的参数，规律性的重复返回某个区域中指定的内容。

示例 8-72　将多列数据合并为一列

素材所在位置：

光盘：\素材\第 8 章 公式与函数\示例 8-72 将多列数据合并为一列.xlsx。

如图 8-122 所示，A～D 区域是 n 行 4 列的数据列表，现在需要将其转换为一列数据。

在 F2 单元格中输入以下公式，向下复制到 F15 单元格。

```
=OFFSET($A$1,INT(ROW(A4)/4),MOD(ROW(A4),4))&""
```

INT(ROW(A4)/4)部分，当公式向下复制时，生成 1、1、1、1、2、2、2、2……的循环序列，以此作为 OFFSET 函数向下偏移的参数。

图 8-122　将多列数据合并为一列

MOD(ROW(A4),4)部分，当公式向下复制时，生成 0、1、2、3、0、1、2、3……的循环序列，以此作为 OFFSET 函数向右偏移的参数。

OFFSET 函数以 A1 单元格为基点，向下、向右偏移取数，得出最终结果。

示例结束

---

3. 随机函数 RAND

随机数是一个事先不确定的数，在随机抽取试题、随机安排考生座位和随机抽奖等应用中，都需要使用随机数进行处理。使用 RAND 函数和 RANDBETWEEN 函数均能生成随机数。

RAND 函数不需要参数，可以随机生成一个大于等于 0 且小于 1 的小数，而且得到的随机小数重复概率会非常低。若要生成 a 与 b 之间的随机实数，模式化公式为：

`=rand()*(b-a)+a`

RANDBETWEEN 函数的语法结构为：

`RANDBETWEEN(bottom,top)`

两个参数分别为下限和上限，用于指定产生随机数的范围。生成一个大于等于下限值且小于等于上限值的整数。

这两个随机函数都是易失性函数，每次工作表重新计算或是重新打开工作簿，计算结果都会发生变化。

示例 8-73　产生 50～100 的随机整数

素材所在位置：

光盘:\素材\第 8 章 公式与函数\示例 8-73 产生 50～100 的随机整数.xlsx。

以下函数公式将产生 50～100 的随机整数，结果如图 8-123 所示。

序号	RAND	RANDBETWEEN
1	57	90
2	80	61
3	58	57
4	57	96
5	67	56
6	94	80
7	57	100
8	52	94

图 8-123　产生 50～100 的随机整数

在 B2 单元格中输入公式。

```
=INT(RAND()*50+50)
```

在 C2 单元格中输入公式。

```
=RANDBETWEEN(50,100)
```

示例结束

8.10 日期和时间函数的应用

日期和时间是 Excel 中一种特殊类型的数据,有关日期和时间的计算在各个领域中都具有非常广泛的应用。Excel 2010 提供了丰富的日期函数用来处理日期数据,常用日期函数及功能如表 8-5 所示。

表 8-5 常用日期函数

函数名称	功能
DATE 函数	根据指定的年份、月份和日期返回日期序列值
DATEDIF 函数	计算日期之间的年数、月数或天数
DAY 函数	返回某个日期的在一个月中的天数
MONTH 函数	返回日期中的月份
YEAR 函数	返回对应某个日期的年份
TODAY 函数	用于生成系统当前的日期
NOW 函数	用于生成系统日期时间格式的当前日期和时间
EDATE 函数	返回指定日期之前或之后指定月份数的日期
EOMONTH 函数	返回指定日期之前或之后指定月份数的月末日期
WEEKDAY 函数	以数字形式返回指定日期是星期几
WORKDAY 函数	返回指定工作日之前或之后的日期
WORKDAY.INTL 函数	使用自定义周末参数,返回指定工作日之前或之后的日期
NETWORKDAYS 函数	返回两个日期之间的完整工作日数
NETWORKDAYS.INTL 函数	使用自定义周末参数返回两个日期之间的完整工作日数
DAYS360 函数	按每年 360 天返回两个日期间相差的天数(每月 30 天)

Excel 将日期存储为整数序列值,日期取值区间为 1900 年 1 月 1 日至 9999 年 12 月 31 日。一个日期对应一个数字,常规数值的 1 个单位在日期中代表 1 天。Excel 中的时间可以精确到千分之一秒,时间数据被存储为 0.0 到 0.999 999 99 之间的小数。构成日期的整数和构成时间的小数可以组合在一起,生成既有小数部分又有整数部分的数字。

日期和时间都是数值,因此也可以进行加、减等运算。

8.10.1 使用 EDATE 函数进行简单的日期计算

EDATE 函数用于返回指定日期之前或之后指定月份数的日期。

示例 8-74 计算员工试用期到期日

素材所在位置:

光盘:\素材\第 8 章 公式与函数\示例 8-74 计算员工试用期到期日.xlsx。

如图 8-124 所示,需要根据 B 列的员工入职日期和 C 列的试用期月数,计算试用期到期日。

	A	B	C	D
1	姓名	入职时间	试用期（月）	到期日
2	苏安希	2017/2/11	3	2017/5/11
3	冷夕颜	2016/12/2	1	2017/1/2
4	舒惜墨	2017/3/5	3	2017/6/5
5	宇文冠	2017/2/1	6	2017/8/1
6	郭默青	2017/12/31	2	2018/2/28
7	伊涵诺	2016/11/26	3	2017/2/26
8	言书雅	2016/12/1	6	2017/6/1
9	陌倾城	2017/3/28	2	2017/5/28

图 8-124　计算员工试用期到期日

在 D2 单元格中输入以下公式，向下复制到 D9 单元格。

```
=EDATE(B2,C2)
```

公式中的 B2 表示起始日期，C2 表示月份数。如果 EDATE 函数第 2 参数为正值，将生成未来日期；为负值将生成过去日期。

示例结束

8.10.2　认识 DATEDIF 函数

DATEDIF 函数用于计算两个日期之间的天数、月数或年数。在 Excel 的函数列表中没有显示此函数，帮助文件中也没有相关说明，是一个隐藏的、但是功能十分强大的日期函数。

其基本语法为：

```
DATEDIF(start_date,end_date,unit)
```

第一参数表示时间段内的起始日期，可以写成带引号的日期文本串（例如 "2017/1/30"）或是单元格引用。

第二参数代表时间段内的结束日期。

第三参数为所需信息的返回类型，该参数不区分大小写。不同第三参数返回的结果如表 8-6 所示。

表 8-6　　　　　　　　　　　　　　　DATEDIF 函数不同参数作用

unit 参数	函数返回结果
Y	时间段中的整年数
M	时间段中的整月数
D	时间段中的天数
MD	日期中天数的差。忽略日期中的月和年
YM	日期中月数的差。忽略日期中的日和年
YD	日期中天数的差。忽略日期中的年

示例 8-75　计算员工工龄

素材所在位置：

光盘：\素材\第 8 章 公式与函数\示例 8-75 计算员工工龄.xlsx。

图 8-125 所示为某公司员工信息表的部分内容，需要根据 B 列的入职时间计算工龄月份，截止时间是 2017 年 1 月 1 日。

	A	B	C
1	姓名	入职时间	工龄（月）
2	欧阳娆	2002/2/11	178
3	王梦雅	2006/12/2	120
4	舒圣闲	2010/3/5	81
5	穆晨阳	2011/2/1	71
6	陌亦瑶	2014/12/31	24
7	裴清琅	2016/11/26	1
8	林羽涟	2009/12/1	85
9	洛少泽	2007/3/28	117

图 8-125　计算员工工龄

在 C2 单元格中输入以下公式，向下复制到 C9 单元格。

```
=DATEDIF(B2,"2017-1-1","M")
```

DATEDIF 函数第二参数使用"M"，用于计算 B2 单元格的参加工作时间与截止日期之间间隔的整月数，不足一个月的部分被舍去。

--- 示例结束 ---

8.10.3 星期有关的计算

WEEKDAY 函数返回对应于某个日期的一周中的第几天，该函数的基本语法如下。

```
WEEKDAY(serial_number,[return_type])
```

第一参数是需要判断星期的日期。第二参数用于确定返回值的类型，一般情况下使用 2，返回结果为数字 1（星期一）到 7（星期日）。

--- 示例 8-76 计算指定日期是星期几 ---

素材所在位置：

光盘：\素材\第 8 章 公式与函数\示例 8-76 计算指定日期是星期几.xlsx。

如图 8-126 所示，使用函数公式返回指定日期对应的星期值。

B2 单元格中公式如下。

```
=WEEKDAY(A2,2)
```

WEEKDAY 函数第二参数为 2，返回 1~7 的数字，表示从星期一到星期日为一周。

	A	B
1	日期	星期
2	2017/2/26	7
3	2017/3/20	1
4	2017/4/20	4
5	2017/5/23	2

图 8-126 计算指定日期是星期几

--- 示例结束 ---

8.10.4 月份有关的计算

MONTH 函数返回对应日期的月份，是日常数据处理分析中最常用的日期函数之一。

--- 示例 8-77 按月份统计各产品销售数 ---

素材所在位置：

光盘：\素材\第 8 章公式与函数\示例 8-77 按月份统计各产品销售数.xlsx。

图 8-127 所示为某门店部分销售数据，现需要按月份统计各商品销售总数。其中，F2:H2 区域的月份值是输入相关数值后，设置单元格格式显示为月份。

图 8-127 按月份统计各产品销售数据

在 F3 单元格中输入以下公式，复制到 F3:H6 单元格区域。

```
=SUMPRODUCT((MONTH($A$2:$A$16)=F$2)*($B$2:$B16=$E3)*$C$2:$C16)
```

MONTH($A$2:$A$16)=F$2 部分，判断 A2:A16 单元格区域日期的月份是否等于 F2 单元格的月份值，返回一组由逻辑值构成的内存数组。

$B$2:$B$16=$E3 部分，判断 B2:B16 单元格区域的商品名称是否等于 E3 单元格的商品名称，同样返回一组由逻辑值构成的内存数组。

两组逻辑值内存数组相乘后返回一组由 1 和 0 构成的内存数组，最后再和 C2:C16 单元格区域的销量数据相乘，由 SUMPRODUCT 函数返回乘积之和。

示例结束

8.10.5 │ 季度有关的计算

虽然 Excel 没有直接提供用于季度计算的函数，但用户可以通过其他函数来完成对日期所属季度的计算处理。

如图 8-128 所示，如需计算相关日期所属的季度，可以使用以下公式。

```
=LOOKUP(MONTH(A2),{1;4;7;10},{1,2,3,4})
```

公式首先取得 A2 单元格的日期所属的月份，然后通过分隔区间判断，返回相应的季度值。

8.10.6 │ 时间的加减计算

在处理时间数据时，一般仅对数据进行加法和减法的计算，如计算累计通话时长、两个时间的间隔时长等。

	A	B
1	日期	季度
2	2016/1/10	1
3	2016/3/17	1
4	2016/4/3	2
5	2016/4/14	2
6	2016/5/5	2
7	2016/5/22	2
8	2016/5/26	2
9	2016/6/21	2
10	2016/7/17	3
11	2016/8/15	3
12	2016/9/10	3
13	2016/10/3	4
14	2016/11/1	4
15	2016/11/11	4
16	2016/11/21	4

图 8-128　根据日期计算所属季度

示例 8-78　计算客户通话时长

素材所在位置：

光盘：\素材\第 8 章 公式与函数\示例 8-78 计算客户通话时长.xlsx。

图 8-129 是某企业与客户通话记录表的一部分，需要根据 C 列的通话发生时间和 D 列的通话结束时间，计算通话时长。

	A 序号	B 客户姓名	C 通话开始时间	D 通话结束时间	E 处理时长（分钟）
1					
2	1	葛宝云	2016-11-25 23:25:45	2016-11-26 01:20:05	114
3	2	李英明	2016-11-24 08:21:03	2016-11-24 09:45:00	83
4	3	郭倩	2016-11-24 00:27:30	2016-11-24 03:30:31	183
5	4	代云峰	2016-11-25 10:43:23	2016-11-25 13:15:18	151
6	5	郎俊	2016-11-24 01:43:44	2016-11-24 06:14:01	270

图 8-129　计算客户通话时长

在 E2 单元格中输入以下公式，向下复制。

```
=INT((D2-C2)*1440)
```

1 天等于 24 小时，1 小时等于 60 分钟，即一天有 1 440 分钟。要计算两个时间间隔的分钟数，只要用终止时间减去开始时间，再乘以 1 440 即可。最后用 INT 函数舍去计算结果中不足一分钟的部分，即可计算出时长的分钟数。

如果需要计算两个时间间隔的秒数，可使用以下公式。

```
=(D2-C2)*86400
```

一天有 86 400 秒，所以计算秒数时使用结束时间减去开始时间，再乘以 86 400。

示例结束

8.11 函数公式在数据排名上的应用

根据数据值的大小进行排名计算是数据分析中常见的应用，Excel 中常用于排名的函数是 RANK 函数。另外，由于排名的本质是"计数"，例如第 1 名便是统计大于计算值的个数为零，所以计数统计类函数也常用于排名计算。

函数公式在数据排名上的应用

8.11.1 认识 RANK 函数

RANK 函数返回一列数字的数字排位，其基本语法为：

`RANK(number,ref,[order])`

第一参数是要对其排位的数字。第二参数是对数字列表的引用。第三参数用于指定数字排位的方式，如果为 0 或省略，是按照自大到小降序排序。如果不为零，则是按照从小到大升序排序。

RANK 函数赋予重复数相同的排位，但重复数的存在将影响后续数值的排位。例如，在列表 7、7、6 中，数字 7 出现两次，且其排位为 1，则 6 的排位为 3（没有排位为 2 的数值）。

示例 8-79 统计销售排名

素材所在位置：

光盘：\素材\第 8 章 公式与函数\示例 8-79 统计销售排名.xlsx。

如图 8-130 所示，需要统计 B 列的销售排名。

在 C2 单元格中输入以下公式，将公式向下复制到 C10 单元格。

`=RANK(B2,B$2:B$10)`

RANK 函数返回 B2 单元格中的数值在 B2:B10 单元格区域中所占的排位。第三参数省略，表示按照降序排列。

示例结束

	A	B	C
1	姓名	销售额	销售排名
2	文德成	768	2
3	王爱华	394	5
4	杨文兴	365	6
5	王竹蓉	605	3
6	刘勇	326	7
7	林效先	168	9
8	陈萍	282	8
9	李春燕	473	4
10	祝生	839	1

图 8-130 认识 RANK 函数

8.11.2 计算中国式排名

在使用 RANK 函数进行排名时，若出现相同名次，其后的排名数字会自动向后移。例如，存在两个第一名，则第二名自动后移成为第三名。

这样的排名方式并不符合中国人的习惯。"中国式排名"的特性是相同名次不影响后续的排名名次，无论有几个第一名存在，后面的名次始终还是第二名。

示例 8-80 计算中国式排名

素材所在位置：

光盘：\素材\第 8 章公式与函数\示例 8-80 计算中国式排名.xlsx。

以图 8-131 所示的数据表为例，需要在 D 列使用"中国式排名"的方式对学生成绩进行排名计算。

在 D2 单元格中输入以下公式，向下复制到 D21 单元格。

`=SUMPRODUCT((C$2:C$12>=C2)/COUNTIF(C$2:C$12,C$2:C$12))`

"中国式排名"的本质是在计算名次时不考虑大于当前数值的总个数，而只计算大于当前数值的不同数值个数，也就是统计大于当前

	A	B	C	D
1	准考证号	姓名	成绩	中国式排名
2	01110124	陆艳菲	100	1
3	01120680	杨庆东	100	1
4	01021126	任继先	95	2
5	01120038	陈尚武	51	7
6	01120181	李光明	64	5
7	01120644	李厚辉	85	4
8	01021126	毕淑华	18	8
9	01121003	赵会芳	5	10
10	01021209	赖群毅	17	9
11	01120022	李从林	61	6
12	01120018	张鹤翔	89	3

图 8-131 计算中国式排名

数值的不重复数值的个数。

(C\$2:C\$12>=C2)部分，判断 C2:C12 区域的值是否大于等于 C2 单元格的值，得到一个由逻辑值构成的内存数组。

COUNTIF(C\$2:C\$12,C\$2:C\$12)部分，通过数组运算得到 C\$2:C\$12 区域中每个值出现的次数。

两个部分相除，得到 C2:C12 区域数值重复次数的倒数，求和后即可得到唯一值的总个数。

8.11.3　多条件的权重排名

在实际排名需求中，排名的依据可能会由多个条件共同组成，通常情况下，使用"加权"的方法可以很好地解决此类问题。

示例 8-81　按各奖牌数量计算排名

素材所在位置：

光盘：\素材\第 8 章公式与函数\示例 8-81 按各奖牌数量计算排名.xlsx。

图 8-132 所示为 2016 年巴西里约奥运会奖牌榜的部分内容，需要依次按金、银、铜牌数量对各个国家或地区计算名次。

	A	B	C	D	E	F
1	国家/地区	金牌	银牌	铜牌	总数	排名
2	中国	26	18	26	70	3
3	德国	17	10	15	42	5
4	法国	10	18	14	42	7
5	日本	12	8	21	41	6
6	美国	46	37	38	121	1
7	韩国	9	3	9	21	8
8	英国	27	23	17	67	2
9	俄罗斯	19	18	19	56	4
10	意大利	8	12	8	28	9

图 8-132　巴西里约奥运会奖牌榜

在 F2 单元格中输入以下公式，复制到 F11 单元格。

=SUMPRODUCT(1*(B2/1%%%%+C2/1%%+D2<\$B\$2:\$B\$10/1%%%%+\$C\$2:\$C\$10/1%%+\$D\$2:\$D\$10))+1

公式按照金、银、铜牌的优先级分别给予不同的加权处理，例如金牌数量/1%%%%，也就是乘以 10^8。银牌数量/1%%，也就是乘以 10^4，铜牌数量维持不变，然后再计算大于当前值的个数，即为排名结果。

由于 SUMPRODUCT 函数忽略逻辑值，因此需要使用"1*"的方式，将逻辑值转换为数值，再统计求和。

注意

由于 Excel 中对于数值具有保留 15 位有效数字的限制，因此采用上述加权求和方法时应注意求和数值不能超过 15 位，否则可能产生错误结果。

8.12　使用公式进行描述分析

素材所在位置：

光盘：\素材\第 8 章公式与函数\8.12 使用公式进行描述分析.xlsx。

描述统计是数据分析中常用的方法，它是指通过数学方法，对数据资料进行整理、分析，并对数据的分布状态、数字特征和随机变量之间的关系进行估计和描述的方法。描述统计通常包括集中趋势分析、离散趋势分析和相关分析3大部分。使用公式可以满足这样的分析需求。

图8-133显示了两组不同型号的相机快门使用寿命测试值，可以使用公式来对这两组数据进行统计描述。

以A列数据为例。

（1）平均值

```
=AVERAGE(A2:A16)
```

（2）标准误差

```
=STDEV(A2:A16)/SQRT(COUNT(A2:A16))
```

（3）中位数（排序后处于中间的值）

```
=MEDIAN(A2:A16)
```

（4）众数（出现次数最多的数）

```
=MODE(A2:A16)
```

（5）标准差

```
=STDEV(A2:A16)
```

（6）方差

```
=VAR(A2:A16)
```

（7）峰度（衡量数据分布起伏变化的指标）

```
=KURT(A2:A16)
```

（8）偏度（衡量数据峰值偏移的指标）

```
=SKEW(A2:A16)
```

（9）区域（极差，即最大值与最小值的差值）

```
=MAX(A2:A16)-MIN(A2:A16)
```

（10）平均置信度（90%）

```
=TINV(0.05,COUNT(A2:A16)-1)*STDEV(A2:A16)/SQRT(COUNT(A2:A16))
```

同样B列数据应用上述公式进行计算，得到图8-134所示的分析结果。

	A	B
1	快门型号A	快门型号B
2	50006	49934
3	50029	49991
4	49912	49988
5	50016	50041
6	50029	49946
7	50043	49970
8	49910	49988
9	49938	49998
10	50081	50076
11	50012	49962
12	50080	50074
13	50029	49988
14	49902	50053
15	50000	50087
16	50042	49911

图8-133　相机快门使用寿命数据

	A	B	C	D	E	F
1	快门型号A	快门型号B		描述分析	A	B
2	50006	49934		平均值	50001.9	50000.5
3	50029	49991		标准误差	15.2392	14.0343
4	49912	49988		中位数	50016	49988
5	50016	50041		众数	50029	49988
6	50029	49946		标准差	59.0211	54.3545
7	50043	49970		方差	3483.5	2954.41
8	49910	49988		峰度	-0.7211	-0.95301
9	49938	49998		偏度	-0.64007	0.21806
10	50081	50076		区域	179	176
11	50012	49962		平均值置信度	32.6848	30.1005
12	50080	50074				
13	50029	49988				
14	49902	50053				
15	50000	50087				
16	50042	49911				

图8-134　使用公式计算出的描述分析结果

从这两组数据的集中度和离散度分析对比可以看出，型号B的快门相对来说品质更加稳定。

8.13 使用公式进行预测分析

8.13.1 移动平均预测

素材所在位置：

光盘：\素材\第 8 章公式与函数\ 8.13.1 移动平均预测.xlsx。

移动平均预测方法是一种比较简单的预测方法。这种方法随着时间序列的推移，依次取连续的多项数据求取平均值，每移动一个时间周期就增加一个新近的数据，去掉一个远期的数据，得到一个新的平均数。由于它逐渐向前移动，所以称为移动平均法。由于移动平均可以让数据更平滑，消除周期变动和不规范变动的影响，使得长期趋势得以显示，因而可以用于预测。

例如，图 8-135 显示了某企业近一年的销售数据，要以 3 个月为计算周期使用移动平均的方法来预测下一个月的销售额。

在 C4 单元格中输入以下公式，复制到 C13 单元格。

```
=AVERAGE(B2:B4)
```

此时 C 列所得的结果就是这组销售额以 3 个月为周期的移动平均值，其中最后一个单元格 C13 的移动平均值，就是下一个月的销售额预测值，如图 8-136 所示。

月份	销售额（万元）
1	2145.5
2	2210.4
3	2266.7
4	2315.5
5	2440.6
6	2634.5
7	2744.1
8	2890.2
9	3015.1
10	3130.7
11	3236.2
12	3325.8

图 8-135 某企业销售数据

月份	销售额（万元）	移动平均
1	2145.5	
2	2210.4	
3	2266.7	2207.53
4	2315.5	2264.20
5	2440.6	2340.93
6	2634.5	2463.53
7	2744.1	2606.40
8	2890.2	2756.27
9	3015.1	2883.13
10	3130.7	3012.00
11	3236.2	3127.33
12	3325.8	3230.90

图 8-136 移动平均预测

8.13.2 线性回归预测

素材所在位置：

光盘：\素材\第 8 章公式与函数\ 8.13.2 线性回归预测.xlsx。

图 8-137 显示了某生产企业近一年来的产量及其能耗数据，通过绘制 X/Y 散点图可以发现，产品和能耗两组数据基本呈现线性关系。

图 8-137 产品和能耗数据图表

假定希望根据这组数据来依照线性关系进行预测分析，计算当产量达到 2 000 时的能耗值，可以使用下面的公式。

```
=TREND(C2:C13,B2:B13,2000)
```

TREND 函数语法为：

```
TREND(known_ y's, known_ x's, new_ x's, const)
```

该函数用于返回一条线性回归拟合线的值。即找到适合已知数组 known_y's 和 known_x's 的直线，并返回指定数组 new_x's 在直线上对应的 y 值。

其中，第一参数是已知的目标值序列，第二参数是已知的变量值序列，第三参数是需要预测的目标值所对应的变量值。将数据表中的数据代入就可以通过线性拟合运算得到相应的预测值。

除了 TREND 函数，FORECAST 函数也可以进行线性回归的预测，其公式为：

```
=FORECAST(2000,C2:C13,B2:B13)
```

以下是 FORECAST 函数的语法，与 TREND 函数在参数的排列位置上稍有区别。

```
FORECAST(x, known_y's, known_x's)
```

使用以上两条公式会返回同样的计算结果，产量达到 2 000 时能耗为 886.049。

8.13.3　指数回归预测

素材所在位置：

光盘：\素材\第 8 章公式与函数\ 8.13.3 指数回归预测.xlsx。

图 8-138 显示了某国家近百年来人口数的增长记录，通过绘制柱形图并添加趋势线可以发现其人口增长趋势基本符合指数增长的模型。

图 8-138　某国历年来人口数据

假定希望使用 GROWTH 函数依照指数回归预测的方法对其 2020 年的人口进行预测，可以使用下面的公式。

```
=GROWTH(B2:B11,A2:A11,2020)
```

公式运算结果为：22 289.06

GROWTH 函数可用于拟合通项公式为 y=b*m^x 的指数曲线，其语法为：

```
GROWTH(known_y's,known_x's,new_x's,const)
```

此函数和 TREND 函数的参数用法相似。

8.13.4　多项式拟合和预测

素材所在位置：

光盘：\素材\第 8 章公式与函数\ 8.13.4 多项式拟合和预测.xlsx。

图 8-139 显示了在某种药物测试中，药物浓度随着时间变化的数据以及相应的数据分布图表。假定采

用多项式曲线来对这组数据进行拟合，多项式曲线的通项公式为：

$$Y=m_0+m_1x^1+m_2x^2+m_3x^3+\cdots m_nx^n$$

图 8-139　药物血液浓度观测数据

其中 n 代表了多项式的阶数，m 则表示与每个 x 幂次相对应的系数，使用 LINEST 函数可以求得不同阶次的多项式方程中的系数 m 取值，从而得到多项式曲线的拟合方程。LINEST 函数语法如下。

```
LINEST(known_y's,known_x's,const,stats)
```

各参数含义与 LOGEST 函数的参数相同。

假定以 2 阶多项式来对这组观测数据进行拟合，可以使用以下公式得到 2 阶多项式的系数。

```
=LINEST(B2:B15,A2:A15^{1,2})
```

这个公式的运算结果是一个包含 3 个数据的数组，数组中的 3 个数据依次是多项式拟合方程中 m2、m1 和 m0 的取值。将这 3 个系数取值代入到多项式拟合方程中就可以得到多项式拟合方程的 y 值公式。

```
=INDEX(LINEST(B2:B15,A2:A15^{1,2}),1)*x^2+INDEX(LINEST(B2:B15,A2:A15^{1,2}),2)*x+IN
DEX(LINEST(B2:B15,A2:A15^{1,2}),3)
```

通过数组运算，上述公式可以简化为：

```
=SUM(LINEST(B2:B15,A2:A15^{1,2})*x^{2,1,0})
```

将具体的 x 取值代入上述公式就可以得到这组数据的二阶多项式拟合曲线，在 C2 单元格中输入公式，并复制到 C15 单元格。

```
=SUM(LINEST(B$2:B$15,A$2:A$15^{1,2})*A2^{2,1,0})
```

结果如图 8-140 所示。

图 8-140　二阶多项式拟合曲线

注意

在实际应用中,数据预测分析所涉及的因素还有很多,需要根据实际情况进行综合分析,本技巧中所介绍的 Excel 分析方法仅供参考。

习题8

1. 以下说法错误的是 (_____)。

① 函数是一种特殊的公式,只能返回值

② 数组公式必须使用<Ctrl+Shift+Enter>组合键完成编辑

③ 执行了多项运算的函数公式就是数组公式

2. 如图 8-141 所示,如果使用 VLOOKUP 函数根据姓名查询手机号码,以下公式中书写错误的是 (_____)。

①=VLOOKUP(D2,A:B,2,0)

②=VLOOKUP(D2,A:B,2,)

③=VLOOKUP(D2,A:B,2)

图 8-141　根据姓名查询手机号

以下习题的练习文件所在位置:

光盘:\素材\第 8 章公式与函数。

3. 根据"练习 8.1.xlsx"中的数据,用函数计算各门成绩的平均分,要求保留两位小数,如图 8-142 所示。

4. 根据"练习 8.2.xlsx"中的数据,使用函数分别提取出其中的姓名和电话号码,如图 8-143 所示。

	A	B	C	D
1	姓名	英语	语文	数学
2	韩紫语	58	72	56
3	安佑吟	88	66	76
4	燕如生	87	89	92
5	殷原习	79	85	85
6	沈傲秋	89	58	80
7	柳千佑	60	93	58
8	左让羽	96	99	96
9	安呈旭	86	87	90
10	平均分			

图 8-142　计算平均分

	A	B	C
1	姓名	姓名	电话
2	韩紫18355667788		
3	安佑吟83289080		
4	燕如生15864111146		
5	原习66532450		
6	沈傲秋13011311131		

图 8-143　提取姓名和电话号码

5. 根据"练习 8.3.xlsx"中的数据,使用函数将 B 列中的姓名中的名字部分,替换为"*",如图 8-144 所示。(提示:使用 SUBSTITUTE 和 MID 函数)

6. 根据"练习 8.4xlsx"中的数据，使用 TEXT 函数，将 A 列日期显示为 B 列所示的星期效果，如图 8-145 所示。

	A	B
1	姓名	效果
2	韩紫	韩*
3	安佑吟	安*
4	燕如生	燕*
5	原习	原*
6	沈傲秋	沈*

图 8-144 替换姓名中的字符

	A	B
1	日期	星期
2	2017/5/12	五
3	2017/6/22	四
4	2016/12/18	日
5	2017/1/30	一
6	2016/8/27	六

图 8-145 日期转换为星期

7. 根据"练习 8.5.xlsx"中的数据，使用 IF 函数判断考试成绩所在的区间，60 分以下为不合格，60～79 为合格，80 及以上为优秀，如图 8-146 所示。

8. 根据"练习 8.6.xlsx"中的数据，使用 IF 函数判断体能考核成绩是否合格，考核标准为男生大于 75 分，女生大于 65 分，如图 8-147 所示。

	A	B
1	成绩	区间
2	68	合格
3	59	不合格
4	73	合格
5	85	优秀
6	92	优秀

图 8-146 判断考试成绩所在的区间

	A	B	C	D
1	姓名	性别	成绩	结论
2	华远东	男	73	不合格
3	毕紫玉	女	69	合格
4	蓝天阔	男	85	合格
5	周远芳	女	65	不合格
6	韩小磊	男	89	合格

图 8-147 判断成绩是否合格

9. 生成一组 0～1 以内的随机数，并保留两位小数。

10. 根据"练习 8.7.xlsx"中的数据，要求根据 B 列的出生年月计算年龄，截止时间为 2017 年 1 月 1 日，如图 8-148 所示。

11. 根据"练习 8.8.xlsx"中的数据，要求在 G2 单元格中，使用 VLOOKUP 函数在 B～D 列查询员工年龄，如图 8-149 所示。

	A	B	C
1	姓名	出生年月	年龄
2	华远东	1996/2/5	20
3	毕紫玉	1998/8/12	18
4	蓝天阔	1997/11/5	19
5	周远芳	1995/1/13	21
6	韩小磊	1999/12/20	17

图 8-148 根据出生年月计算年龄

	A	B	C	D	E	F	G
1		姓名	出生年月	年龄		姓名	年龄
2		华远东	1996/2/5	20		蓝天阔	19
3		毕紫玉	1998/8/12	18			
4		蓝天阔	1997/11/5	19			
5		周远芳	1995/1/13	21			
6		韩小磊	1999/12/20	17			

图 8-149 查询员工年龄

12. 根据"练习 8.9.xlsx"中的数据，要求在 F2 单元格中，分别使用 LOOKUP 函数和 INDEX+MATCH 函数两种方法，在 A～C 列查询员工工号，如图 8-150 所示。

13. 根据"练习 8.10.xlsx"中的数据，要求在 E6 单元格中使用函数公式计算指定月份之间的销售额，当 E2 和 E4 单元格中的起始月份发生变化后，汇总结果能自动更新，如图 8-151 所示。

	A	B	C	D	E	F
1	工号	姓名	性别		姓名	工号
2	D001	华远东	男		蓝天阔	D003
3	D002	毕紫玉	女			
4	D003	蓝天阔	男			
5	D004	周远芳	女			
6	D005	韩小磊	男			

图 8-150 查询员工工号

14. 根据"练习 8.11.xlsx"中的数据，要求使用公式创建能跳转到各工作表的超链接，如图 8-152 所示。

图 8-151　动态汇总销售额

图 8-152　创建超链接

15. 根据"练习 8.12.xlsx"中的数据，完成下列任务。

　　A. 要求计算销售一部的销售总额，如图 8-153 所示。

　　B. 要求计算销售一部 800 以上部分的销售额。

　　C. 要求计算销售一部的业务发生笔数，即 A 列有多少个"销售一部"。

　　D. 要求计算销售一部 800 以上部分的业务发生笔数。

16. 根据"练习 8.13.xlsx"中的数据，要求使用 SUMPRODUCT 函数计算业务员"秦小荷"4 月份的销售记录，如图 8-154 所示。

图 8-153　销售记录表

图 8-154　计算销售记录

17. 根据"练习 8.14.xlsx"中的数据，在经过筛选操作的工作表中，使用函数计算可见单元格部分的平均值，结果保留整数，如图 8-155 所示。

18. 根据"练习 8.15.xlsx"中的数据，要求使用函数计算销售排名，如图 8-156 所示。

图 8-155　计算平均值

图 8-156　计算销售排名

19. 根据"练习 8.16.xlsx"中的数据，要求使用函数计算成绩"中国式排名"，如图 8-157 所示。

20. 根据"练习 8.17.xlsx"中的数据，要求使用函数根据 1～11 月份的销售数据，预测 12 月份销售额，并保留两位小数，如图 8-158 所示。

图 8-157　计算成绩"中国式排名"

图 8-158　预测 12 月份销售额

第9章

数据有效性

　　本章主要学习 Excel 数据有效性功能的应用，利用数据有效性可以对表格中数据输入的准确性和规范性进行控制，了解制作一级和多级下拉列表，方便数据输入，提升数据输入效率。

9.1 认识数据有效性

在表格中录入或导入数据过程中，难免会有错误或不符合要求的数据出现，例如，数据收集过程中问卷调查表的填写。Excel 提供了一种可以对输入数据的准确性和规范性进行控制的功能，这就是数据有效性。

选中需要设置数据有效性的单元格或区域，在【数据】选项卡下单击【数据有效性】命令按钮，打开【数据有效性】对话框。在对话框中，用户可以进行数据有效性的相关设置，如图 9-1 所示。

图 9-1　打开数据有效性对话框

在【数据有效性】对话框的【设置】选项卡中，内置了 8 种数据有效性允许的条件。用户可以借此对数据录入进行有效的管理和控制，如图 9-2 所示。

图 9-2　【设置】选项卡内置的 8 种允许条件

1. 任何值

任何值为默认的选项，允许在单元格中输入任何值而不受限制。

2. 整数

该条件限制单元格只能输入整数。当选择使用【整数】作为允许条件后，在【数据】下拉列表中可以选择数据允许的范围，如"介于"和"大于"等。如果选择【介于】，则会出现【最小值】和【最大值】数据范围编辑框，供用户指定整数区间的上限和下限值。如限制在单元格区域中只能输入 18～60 岁的年龄，可按图 9-3 所示的方法进行设置。

图9-3　设置【整数】条件

3. 小数

该条件限制单元格只能输入小数。设置方法与"整数"相似。

4. 序列

该条件要求在单元格或区域中必须输入某一特定序列中的一个内容项。序列的内容可以是单元格引用、公式，也可以手动输入。

当选择使用【序列】作为允许条件后，会出现"序列"条件的设置选项。在【来源】编辑框中，如果手动输入序列内容，则需以半角逗号隔开不同的内容项。

如果同时勾选了【提供下拉箭头】复选框，则在设置完成后，当选中单元格时，在单元格的右侧会出现下拉箭头按钮。单击此按钮，序列内容会出现在下拉列表中，选择其中一项即可完成输入，如图9-4所示。

图9-4　使用【序列】条件

5. 日期

该条件限制单元格只能输入某一区间的日期，或者是排除某一日期区间以外的日期。例如，如果需要将日期限定在"2014-9-18"至"2016-9-18"之间，设置方法如图9-5所示。

6. 时间

该条件限制单元格只能输入时间，与"日期"条件的设置基本相同。

图 9-5　设置【日期】条件

7. 文本长度

该条件主要用于限制输入数据的字符个数，例如要求输入产品编码的长度必须为 4 位，可按图 9-6 所示的方式进行设置。

8. 自定义

自定义条件主要通过函数和公式来实现较为复杂的限制数据输入的条件。例如，要求只能输入数据，不能输入文本，可以用 ISNUMBER 函数对输入的内容进行判断，如果是数值，函数结果返回"TRUE"，Excel 允许输入，如果函数结果返回"FALSE"，Excel 则禁止输入，如图 9-7 所示。

图 9-6　设置【文本长度】条件

图 9-7　设置【自定义】条件

9.2　设置输入提示信息和出错警告提示

9.2.1　设置输入提示信息

> 素材所在位置：
> 光盘：\素材\第 9 章数据有效性\9.2.1 设置输入提示信息.xlsx。

用户可以对已有数据有效性的单元格中设置提示信息，具体步骤如下。

步骤 1　选中准备设置提示信息的单元格或区域，例如 B2 单元格，在【数据】选项卡下单击【数据有效性】命令按钮，打开【数据有效性】对话框。

步骤 2　在对话框中，单击【输入信息】选项卡，在【标题】编辑框中输入提示信息的标题，在【输入信息】编辑框中输入提示信息的内容，最后单击【确定】按钮关闭对话框，如图 9-8 所示。

当再次单击 B2 单元格时，单元格下方会出现设置的提示信息，如图 9-9 所示。

图 9-8　设置输入提示信息

图 9-9　设置提示信息后的效果

9.2.2 设置出错警告提示信息

素材所在位置：

光盘：\素材\第 9 章数据有效性\9.2.2 设置出错警告提示信息.xlsx。

当在设置了数据有效性的单元格中输入了不符合条件的内容时，Excel 会弹出警告信息，如图 9-10 所示。此时如果单击【重试】按钮，将返回单元格等待用户再次编辑；如果单击【取消】按钮，则取消本次输入操作。

用户可以对警告信息进一步设置，以达到更明确和个性化的效果，操作步骤如下。

步骤 1　选中目标单元格或区域，例如 B2 单元格，打开【数据有效性】对话框，在【设置】选项卡中设置条件为介于 18～60 的整数。

步骤 2　切换到【出错警告】选项卡，在【样式】下拉列表中选择【停止】，在【标题】编辑框中输入提示信息的标题，在【错误信息】编辑框中输入提示信息，单击【确定】按钮，如图 9-11 所示。

图 9-10　警告信息

图 9-11　设置个性化警告信息

 提示

在数据有效性出错警告对话框中，【停止】样式表示禁止非法数据的输入，【警告】样式表示允许选择是否输入非法数据，【信息】样式表示仅对输入非法数据进行提示。

当输入内容超过范围，会弹出预先设置的警告提示信息，如图 9-12 所示。

图 9-12　个性化警告信息

9.3　圈释无效数据

设置数据有效性只能限制手工输入的内容，对复制粘贴操作无效。用户可以使用圈释无效数据功能，对不符合要求的数据进行检查。

> **示例 9-1　圈释无效数据**

素材所在位置：

光盘：\素材\第 9 章数据有效性\示例 9-1 圈释无效数据.xlsx。

图 9-13 所示是已经录入完成的员工信息表，设置数据有效性中的【圈释无效数据】功能，可以将不符合条件的数据进行突出标识。

操作步骤如下。

步骤 1　首先选中 B2:B9 单元格区域，按 9.1 中的步骤设置数据有效性，设置自定义规则为：

`=COUNTIF(B:B,B2)=1`

步骤 2　依次单击【数据】→【数据有效性】下拉按钮，在下拉菜单中单击【圈释无效数据】按钮。

	A	B
1	序号	姓名
2	1	颜可雨
3	2	上官翎
4	3	尚元香
5	4	颜可雨
6	5	刘文慧
7	6	亚瑞安
8	7	名金泰
9	8	付和平

图 9-13　员工信息表

设置完成后，B2:B9 单元格区域中重复的姓名即可自动添加标识圈，如图 9-14 所示。

图 9-14　圈释无效数据

单击【数据有效性】下拉按钮，在下拉菜单中单击【清除无效数据标识圈】，可以将已有标识清除。

示例结束

9.4 利用数据有效性限制输入重复数据

利用数据有效性限制输入重复数据

重复录入数据是数据输入过程中常见的错误，使用数据有效性可以很好地规避这一问题。

示例 9-2　限制重复输入人员姓名

素材所在位置：

光盘：\素材\第 9 章数据有效性\示例 9-2 限制重复输入人员姓名.xlsx。

图 9-15 所示为某公司人员信息单的部分内容，为防止输入重复的员工姓名，可以使用数据有效性来进行限制。

选择 A2:A8 单元格区域，打开【数据有效性】对话框，在【允许】下拉列表中选择【自定义】选项，在【公式】编辑框中输入以下公式，单击【确定】按钮，如图 9-16 所示。

`=COUNTIF($A$2:$A$8,A2)=1`

此时，如有输入重复人名，Excel 将弹出警告信息，并拒绝录入，如图 9-17 所示。

图 9-15　人员记录单

图 9-16　限制输入重复人名

图 9-17　警告信息

示例结束

9.5 在数据输入时提供下拉式菜单

使用数据有效性的"序列"作为允许条件，可以在数据输入时提供下拉式菜单，方便用户输入数据的同时也避免了输入选项以外的异常数据。序列的内容可以是单元格引用、公式，也可以手动输入。

9.5.1 制作数据有效性下拉列表

设置数据有效性序列的来源为单元格引用，可以快速制作数据有效性下拉列表。

素材所在位置：

光盘：\素材\第 9 章数据有效性\示例 9-3 制作数据有效性下拉列表.xlsx。

图 9-18 所示是某学校教师代课课目的填写表。为了简化 B 列课目的录入操作，要求在 B2:B8 单元格区域，通过设置数据有效性，提供课目序列的下拉菜单。有关课目清单已填写在 D2:D6 单元格区域。

图 9-18　人员负责课目填写表

步骤 1　选中 B2:B8 单元格区域，在【数据】选项卡下单击【数据有效性】命令按钮，打开【数据有效性】对话框。

步骤 2　单击【设置】选项卡，在【允许】下拉列表中选择【序列】选项，单击【来源】编辑框右侧的折叠按钮，选择项目列表所在的 D2:D6 单元格区域，最后单击【确定】按钮关闭对话框，如图 9-19 所示。

图 9-19　设置【序列】条件的数据有效性

9.5.2　设置动态变化的序列来源

在数据有效性中，可以使用公式设置动态变化的序列来源。

素材所在位置：

光盘：\素材\第 9 章数据有效性\示例 9-4 设置动态变化的序列来源.xlsx。

图 9-20 所示的先进工作者名单中，需要输入员工姓名。使用数据有效性结合函数公式，可以设置以"员

工花名册"工作表为序列来源，并且能够根据花名册中的人数变化自动调整下拉列表中的内容。

图 9-20　设置动态变化的序列来源

步骤1　选中 Sheet1 工作表的 B2:B10 单元格区域，依次单击【数据】→【数据有效性】，将会弹出【数据有效性】对话框。

步骤2　在【设置】选项卡下的【允许】的下拉列表中选择"序列"，在【来源】编辑框中输入以下公式，单击【确定】按钮，如图 9-21 所示。

`=OFFSET(员工花名册!$A$2,,,COUNTA(员工花名册!$A$2:$A$999))`

图 9-21　设置序列来源

此时选中设置了数据有效性的单元格，下拉列表中的选项如图 9-22 所示。

如果在员工花名册中增减人员记录，下拉列表中的选项会自动更新，如图 9-23 所示。

图 9-22　数据有效性下拉列表

图 9-23　自动更新的下拉列表

OFFSET 函数以"员工花名册!$A$2"为基点，偏移行数和偏移列数的参数值省略，表示偏移量为 0，也就是在基点位置上，行和列都不偏移。

新引用的行数是 COUNTA(员工花名册!$A$2:$A$999)的计算结果。COUNTA 函数的作用是计算员工花名册工作表 A2:A999 这个区域中的非空单元格个数，即实际有多少条记录，OFFSET 函数就引用多少行。

提示

使用此方法动态引用时，COUNTA 函数统计的单元格区域必须是连续输入的，各个记录之间不能包含空单元格，否则将无法得到正确的结果。

示例结束

9.5.3 制作二级下拉列表

结合自定义名称和 INDIRECT 函数，能够创建二级下拉列表，二级下拉列表的选项可以根据第一个下拉列表输入的内容调整范围。

示例 9-5 创建二级下拉列表

素材所在位置：

光盘：\素材\第 9 章数据有效性\示例 9-5 创建二级下拉列表.xlsx。

创建二级下拉列表

如图 9-24 所示，在 A 列输入不同的省份，B 列的有效性下拉列表中就会出现对应省份的城市名称。

制作这样的二级下拉菜单，需要先准备一个包含省份和城市名称的对照表，如图 9-25 所示。

图 9-24 二级下拉列表

图 9-25 对照表

步骤 1 在"客户区域对照表"工作表中，按<F5>键调出【定位】对话框，单击【定位条件】按钮，在弹出的【定位条件】对话框中单击【常量】单选钮，然后单击【确定】按钮。此时表格中的常量全部被选中，如图 9-26 所示。

步骤 2 依次单击【公式】→【根据所选内容创建】命令按钮，在弹出的【以选定区域创建名称】对话框中勾选【首行】复选框，然后单击【确定】按钮，完成创建自定义名称，如图 9-27 所示。

按<Ctrl+F3>组合键打开【名称管理器】，可以看到刚刚定义的名称，如图 9-28 所示。

图 9-26　定位常量

图 9-27　创建定义名称

图 9-28　已定义的名称

步骤3　切换到 Sheet1 工作表，选中要输入省份的 B2:B8 单元格区域，设置【数据有效性】。在【允许】下拉列表中选择【序列】，单击【来源】编辑框右侧的折叠按钮，选中"客户区域对照表"工作表 A1:F1 单元格区域，单击【确定】按钮，如图 9-29 所示。

步骤4　选中要输入城市名称的 C2:C8 单元格区域，设置【数据有效性】，在【允许】下拉列表中选择【序列】，在【来源】的编辑框中输入以下公式，单击【确定】按钮，如图 9-30 所示。

=INDIRECT(B2)

图 9-29　创建一级下拉列表

图 9-30　创建二级下拉列表

步骤5 此时会弹出"源当前包含错误，是否继续"的警告，这是因为 B2 单元格中还没有输入省份内容，INDIRECT 函数无法返回正确的引用结果，单击【是】按钮即可，如图 9-31 所示。

二级下拉列表制作完成，在 B 列单元格选择不同的省份，C 列的城市下拉列表会动态变化。

通过这样设置的数据有效性，在 B 列没有输入省份内容的情况下，C 列可以手工输入任意内容，且不会有任何提示，如图 9-32 所示。

图 9-31　错误提示　　　　　　　　　图 9-32　手工输入不符合项

选中 C2 单元格，依次单击【数据】→【数据有效性】，打开【数据有效性】对话框。去掉"忽略空值"的勾选，勾选"对有同样设置的所有其他单元格应用这些更改"，单击【确定】按钮，如图 9-33 所示。

当再次尝试 B 列为空白的情况下，在 C 列手工输入内容，Excel 就会弹出警告对话框，并且拒绝输入，如图 9-34 所示。

图 9-33　忽略空值　　　　　　　　　图 9-34　警告对话框

示例结束

新建一个工作簿。

1. 对 Sheet1 工作表的 A1:A10 单元格区域设置数据有效性，允许输入的最大值为 100，最小值为 30，设置错误警告信息为"请输入 30～100 之内的数据"。

2. 对 Sheet1 工作表的 B1:B10 单元格区域设置输入提示，提示信息为"请先在 A 列输入内容"。

3. 对 Sheet1 工作表的 C1:C10 单元格区域设置数据有效性，如果同一行中的 A～B 列的任意一列没有输入数据，则拒绝录入。

4. 对 Sheet1 工作表的 D1:D10 单元格区域设置数据有效性，当选中该区域的任意单元格时，在其右侧显示下拉箭头，下拉列表中的选项为"采购部""信息部"和"质保部"。

第 10 章

获取外部数据源

本章主要学习几种常用的将外部数据导入 Excel 的方法，分别是从文本文件导入数据、从 Access、自网站获取数据，以及使用【现有连接】和 Microsoft Query 导入数据的方法。

10.1 常用的导入外部数据的方法

Excel 不仅可以使用工作簿中的数据，还可以访问外部数据库文件。用户通过执行导入和查询，可以在 Excel 中使用熟悉的工具对外部数据进行处理和分析。

10.1.1 从文本文件导入数据

常用的导入外部数据的方法

Excel 提供了 3 种方法可以从文本文件获取数据。

（1）依次单击【文件】选项卡→【打开】命令，可以直接导入文件。使用该方法时，如果文本文件的数据发生变化，不能在 Excel 中体现，除非重新进行导入。

（2）单击【数据】选项卡，在【获取外部数据】命令组中单击【自文本】命令，可以导入文本文件。使用该方法时，Excel 会在当前工作表的指定位置上显示导入的数据，同时 Excel 会将文本文件作为外部数据源，一旦文本文件中的数据发生变化，可以在 Excel 工作表中进行刷新操作。

（3）使用 Microsoft Query 导入数据时，用户可以添加查询语句，以选择符合特定需要的记录，设置查询语句需要用户有一定的 SQL 语句基础。

示例 10-1　从文本文件导入数据

素材所在位置：

光盘：\素材\第 10 章获取外部数据源\示例 10-1 从文本文件导入数据.xlsx。

如果需要引用局域网内共享文件中的数据，可以通过 Excel【获取外部数据】功能，在外部数据源位置不变的前提下，方便地获得外部数据源中的最新数据。

操作步骤如下。

步骤 1　打开需要导入外部数据的 Excel 工作簿。

步骤 2　单击【数据】选项卡下【获取外部数据】组中的【自文本】按钮，在弹出的【导入文本文件】对话框中，选择文本文件所在路径，选中该文件后，单击【导入】按钮即可。可支持的文本文件类型包括.prn、.txt 和.csv 三种格式，如图 10-1 所示。

图 10-1　导入文本文件

步骤 3　在弹出的【文本导入向导-第 1 步，共 3 步】对话框中，保留默认选项，单击【下一步】按钮，会弹出【文本导入向导-第 2 步，共 3 步】对话框。勾选【分隔符号】中的"逗号"复选框，此时数据预览区域的显示效果会发生变化，如图 10-2 所示。

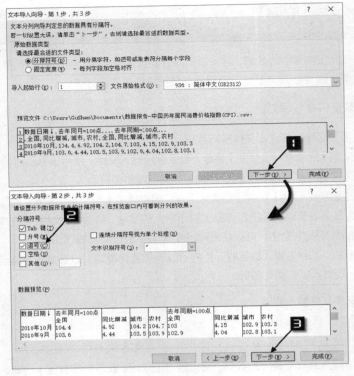

图 10-2　文本导入向导 1

步骤 4　单击【下一步】按钮，出现【文本导入向导-第 3 步，共 3 步】对话框，在【列数据格式】中，有常规、文本和日期 3 种数据格式。如果在【数据预览】区域中单击一列数据，然后在【列数据格式】区域内选择要设置的数据类型，可以快速改变该列的数据类型，如图 10-3 所示。

图 10-3　文本导入向导 2

步骤 5　单击【完成】按钮，将会弹出【导入数据】对话框，单击【属性】按钮，将打开【外部数据区域属性】对话框。在【刷新控件】区域，去掉【刷新时提示文件名】的勾选，刷新频率设置为 30 分钟，勾选【打开文件时刷新数据】复选框。依次单击【确定】按钮，关闭对话框，如图 10-4 所示。

　　导入完成后，要获取最新的数据，可以在【数据】选项卡下单击【全部刷新】下拉按钮，在下拉菜单中选择【刷新】命令，也可以在快捷菜单中单击【刷新】命令，如图 10-5 所示。

图 10-4　设置外部数据区域属性

图 10-5　刷新数据

10.1.2 | 从 Access 数据库文件导入数据

素材所在位置：

光盘：\素材\第 10 章获取外部数据源\ 10.1.2 从 Access 数据库文件导入数据.xlsx。

将 Access 数据库文件导入 Excel 中，可以方便用户使用自己熟悉的软件执行数据分析汇总。操作步骤如下。

步骤 1 打开需要导入外部数据的 Excel 工作簿。

步骤 2 单击【数据】选项卡下【获取外部数据】组中的【自 Access】命令按钮，在弹出的【选取数据源】对话框中，选择文件所在路径，选中该文件后，单击【打开】按钮。可支持的数据库文件类型包括.mdb、.mde、.accdb 和.accde 四种格式，如图 10-6 所示。

图 10-6　自 Access 导入

步骤 3 在弹出的【选择表格】对话框中，选中需要导入的表格，如"发货单"，单击【确定】按钮，如图 10-7 所示。

步骤 4 在弹出的【导入数据】对话框中，可以选择该数据在工作簿中的显示方式，包括表、数据透视表、数据透视图和数据透视表等，本例选择"表"，如图 10-8 所示。

图 10-7　选择表格

图 10-8　选择显示方式

步骤 5 单击【属性】按钮，在弹出的【连接属性】对话框中，勾选【允许后台刷新】和【打开文件时刷新数据】复选框，设置刷新频率为 30 分钟，依次单击【确定】按钮，关闭对话框，如图 10-9 所示。

图 10-9　设置连接属性

导入完成后，要获取最新的数据，除了可以依次单击【数据】→【全部刷新】命令和在快捷菜单中单击【刷新】命令之外，还可以单击数据区域中任意单元格，在表格工具的【设计】选项卡下，单击【刷新】按钮，如图 10-10 所示。

当用户首次打开已经导入外部数据的工作簿时，会出现【安全警告】提示栏，单击【启用内容】按钮，即可正常打开文件，如图 10-11 所示。

图 10-10　刷新数据

图 10-11　【安全警告】提示栏

10.1.3 自网站获取数据

素材所在位置:

光盘:\素材\第 10 章获取外部数据源\ 10.1.3 自网站获取数据.xlsx。

Excel 不仅可以从外部数据中获取数据,还可以从 Web 网页中获取数据,操作步骤如下。

步骤 1 打开需要获取数据的 Excel 工作簿。

步骤 2 在【数据】选项卡中单击【自网站】按钮,将会弹出【新建 Web 查询】对话框,如图 10-12 所示。

图 10-12　新建 Web 查询

步骤 3 在【新建 Web 查询】对话框的地址栏中输入目标网址,如"http://www.waihuipaijia.cn/",单击【转到】按钮,出现网页内容,单击要查询数据表左上角的 ➡ 图标,选中要查询的数据表,单击【导入】按钮,如图 10-13 所示。

图 10-13　选择网页中的数据表

步骤 4 在弹出的【导入数据】对话框中,单击【属性】按钮,打开【外部数据区域属性】对话框。在【刷新控件】区域,勾选【允许后台刷新】和【打开文件时刷新数据】复选框,依次单击【确定】按钮,关闭对话框。导入后的数据如图 10-14 所示。

	A	B	C	D	E	F
1	外汇币种	现汇买入价	现钞买入价	现汇卖出价	现钞卖出价	中行折算价
2	阿联酋迪拉姆		175.28		188	181.73
3	澳大利亚元	502.13	486.49	505.5	505.5	500.99
4	巴西里亚尔		195.61		213.95	204.3
5	加元牌价	504.83	488.85	508.22	508.48	506.18
6	瑞士法郎	677.6	656.69	682.36	682.36	681.69
7	丹麦克朗	99.61	96.53	100.41	100.41	100.02
8	欧元牌价	742.68	719.54	747.67	747.67	745.51
9	英镑牌价	869.64	842.55	875.48	875.48	869.14
10	港币牌价	85.83	85.14	86.15	86.15	86.08
11	印尼卢比		0.0489		0.0525	0.0507
12	印度卢比		9.3623		10.5575	9.9612
13	日元牌价	6.5337	6.3302	6.5776	6.5776	6.5286
14	韩元牌价	0.5929	0.5721	0.5977	0.6194	0.5939

图 10-14　自网站导入的数据

10.1.4 通过【现有连接】导入 Excel 数据

素材所在位置：

光盘：\素材\第 10 章获取外部数据源\ 10.1.4 通过【现有连接】的方法导入 Excel 数据.xlsx。

通过【现有连接】的方法，能够导入所有 Excel 支持类型的外部数据源。操作步骤如下。

步骤 1　打开需要导入数据的 Excel 工作簿。

步骤 2　依次单击【数据】→【现有连接】，在弹出的【现有连接】对话框中，单击【浏览更多】按钮，如图 10-15 所示。

步骤 3　在弹出的【选取数据源】对话框中，选择文件所在路径，选中要导入的 Excel 文件后，单击【打开】按钮，如图 10-16 所示。

图 10-15　使用【现有连接】导入数据

图 10-16　选取数据源

步骤 4　在弹出的【选择表格】对话框中，单击要导入的工作表名称，保留【数据首行包含列标题】的勾选，单击【确定】按钮，如图 10-17 所示。

其他操作请参考 10.1.2 中的步骤 4～步骤 5，导入完毕的数据如图 10-18 所示。

图 10-17　选择表格

	A	B	C	D
1	货主名称	货主地址	货主城市	货主地区
2	陈先生	长江老路 30 号	天津	华北
3	陈先生	长江老路 30 号	天津	华北
4	陈先生	长江老路 30 号	天津	华北
5	陈先生	长江老路 30 号	天津	华北
6	陈先生	车站东路 831 号	石家庄	华北
7	陈先生	车站东路 831 号	石家庄	华北
8	陈先生	车站东路 831 号	石家庄	华北
9	陈先生	车站东路 831 号	石家庄	华北
10	陈先生	车站东路 831 号	石家庄	华北
11	陈先生	承德东路 281 号	天津	华北
12	陈先生	承德东路 281 号	天津	华北

图 10-18　导入后的工作表

10.2 使用 Microsoft Query 导入外部数据

用户可以利用 Microsoft Query 来访问 Access、Excel 和文本文件等。Microsoft Query 可以起到 Excel 和这些外部数据源之间链接的桥梁作用，并允许用户从数据源中只选择所需的数据列导入 Excel。

有选择的导入 Excel 数据

> 素材所在位置：
>
> 光盘：\素材\第 10 章获取外部数据源\ 10.2 有选择的导入 Excel 数据.xlsx。

如果用户希望根据一定的条件从外部数据源中有选择地获取部分数据，可以使用 Excel 的 Microsoft Query 功能来完成这项工作。

图 10-19 所示为某校学生期末考试成绩明细表，包含了"班级""姓名""课目""成绩"和"考评"等 5 个字段。

如果需要将其中"班级"字段为"初一三班"并且"课目"字段为"语文"的数据记录导入到 Excel 工作表中，具体操作如下。

	A	B	C	D	E
1	班级	姓名	课目	成绩	考评
2	初一（一班）	艾富珍	语文	40	不及格
3	初一（一班）	艾富珍	数学	68	及格
4	初一（一班）	艾富珍	英语	59	不及格
5	初一（一班）	艾秀琼	语文	85	良好
6	初一（一班）	艾秀琼	数学	56	不及格
7	初一（一班）	艾秀琼	英语	70	及格
8	初一（一班）	敖治平	语文	84	良好
9	初一（一班）	敖治平	数学	64	及格
10	初一（一班）	敖治平	英语	88	良好
11	初一（一班）	白家荣	语文	98	优秀
12	初一（一班）	白家荣	数学	67	及格
13	初一（一班）	白家荣	英语	76	及格

步骤 1 打开目标工作簿，依次单击【数据】→【自其他来源】→【来自 Microsoft Query】，打开【选择数据源】对话框，如图 10-20 所示。

图 10-19 某校学生期末考试成绩明细表

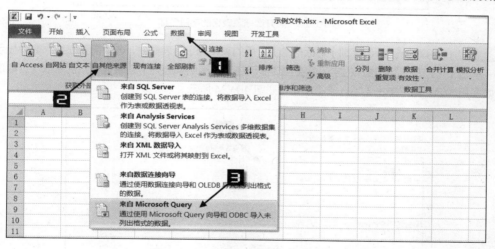

图 10-20 打开【选择数据源】对话框

步骤 2 在【选择数据源】对话框的【数据库】选项卡列表中，选择"Excel Files*"，勾选下方【使用"查询向导"创建/编辑查询】复选框，单击【确定】按钮，打开【选择工作簿】对话框，如图 10-21 所示。

步骤 3 在【选择工作簿】对话框中找到需要导入的 Excel 文件，例如"数据源.xlsx"所在的路径，并选择此文件，单击【确定】按钮，将打开【查询向导-选择列】对话框，如图 10-22 所示。

步骤 4 在【查询向导-选择列】对话框的【可用的表和列】列表中展示了本工作簿可以使用的表和列的树状结构图，单击"+"号按钮，可以展开相应数据表的子项目。单击名为"数据源$"的数据源项左侧的"+"号，或直接双击数据源项目，此时就会展开显示这个数据源所包含的数据字段名称，如图 10-23 所示。

图 10-21　操作【选择数据源】对话框

图 10-22　选择目标文件

图 10-23　展开数据源表格的字段名称

步骤 5　在【查询向导-选择列】对话框的【可用的表和列】列表框中，选中需要在结果表中显示的字段名称，单击【＞】按钮，所选择的字段就会自动显示在【查询结果的列】列表框中，例如依次选取班级、课目、姓名和成绩。最后单击【下一步】按钮，如图 10-24 所示。

图 10-24　选择目标字段

步骤 6　在打开的【查询向导-筛选数据】对话框中，在【待筛选的列】列表框选中"班级"字段，在【只包含满足下列条件的行】的筛选条件组合框中分别为其设置"等于"和"初一二班"。单击下方的【与】单选按钮，再选中"课目"字段，在筛选条件组合框中分别为其设置"等于"和"语文"。单击下方的【与】单选按钮，表示需要同时满足这两个筛选条件。最后单击【下一步】按钮，如图 10-25 所示。

图 10-25 【查询向导-筛选数据】对话框

步骤 7 在弹出的【查询向导-排序顺序】对话框中可以对各列字段进行排序操作。例如，在【主要关键字】组合框中选择"成绩"，单击右侧的【降序】按钮，即表示对"成绩"字段降序排序，单击【下一步】按钮，如图 10-26 所示。

图 10-26 【查询向导-排序顺序】对话框

步骤 8 在弹出的【查询向导-完成】对话框中单击【将数据返回 Microsoft Excel】单选按钮，单击【完成】按钮，如图 10-27 所示。

图 10-27 【查询向导-完成】对话框

205

步骤9 在弹出的【导入数据】对话框中依次单击【表】和【现有工作表】两个单选按钮，并在下方的编辑框中输入数据导入的起始单元格位置，例如"=$A$1"，最后单击【确定】按钮完成操作，如图 10-28 所示。

图 10-28　查询结果

1. 新建一个 Excel 工作簿，从网站 http://www.waihuipaijia.cn/导入外汇数据。

2. 新建一个工作簿，将练习文件"光盘：\素材\ 第 10 章获取外部数据源\练习 10-1.xlsx"中的任意工作表数据导入 Excel，设置刷新时间为 30 分钟，打开文件时刷新，导入数据类型为"表"。

第 11 章

使用数据透视表分析数据

本章介绍使用数据透视表的方法、数据透视表格式设置、切片器功能、数据透视表组合以及创建数据透视图等。通过本章的学习，使读者能够初步掌握创建数据透视表的基本方法和技巧运用。

11.1 初识数据透视表

数据透视表是用来从 Excel 数据列表或是从其他外部数据源中总结信息的分析工具，可以从基础数据中快速分析汇总，并可以通过选择其中的不同元素，从多个角度进行分析汇总。

数据透视表综合了数据排序、筛选和分类汇总等数据分析工具的功能，能够方便地调整分类汇总的方式，以多种不同方式展示数据的特征。数据透视表功能强大，但是操作却比较简单，仅靠鼠标移动字段位置，即可变换出各种不同类型的报表。因此，该工具是最常用的 Excel 数据分析工具之一。

11.1.1 便捷的多角度汇总

素材所在位置：

光盘：\素材\第 11 章使用透视表分析数据\11.1 初识数据透视表.xlsx。

图 11-1 展示了某公司销售数据清单的部分内容，包括订单日期、客户名称、产品名称和金额等信息。这样的表格虽然数据量很多，但是能够直观感受到的信息却非常有限。

	A	B	C	D	E
1	订单日期	客户	类别	产品	金额
2	2016/3/3	文成	饮料	啤酒	1400
3	2016/3/3	文成	干果和坚果	葡萄干	105
4	2016/3/8	国顶有限公司	干果和坚果	海鲜粉	300
5	2016/3/8	国顶有限公司	干果和坚果	猪肉干	530
6	2016/3/8	国顶有限公司	干果和坚果	葡萄干	35
7	2016/3/10	威航货运有限公司	饮料	苹果汁	270
8	2016/3/10	威航货运有限公司	饮料	柳橙汁	920
9	2016/3/18	迈多贸易	焙烤食品	糖果	276
10	2016/3/25	国顶有限公司	焙烤食品	糖果	184
11	2016/3/29	东旗	点心	玉米片	127.5
12	2016/4/11	坦森行贸易	汤	虾子	1930
13	2016/4/22	森通	调味品	胡椒粉	680
14	2016/4/26	康浦	饮料	柳橙汁	13800
15	2016/5/8	迈多贸易	点心	玉米片	1275
16	2016/5/10	广通	饮料	绿茶	598
17	2016/5/10	广通	果酱	酱油	250
18	2016/5/10	广通	调味品	盐	220

图 11-1　销售数据清单

使用数据透视表功能，只需简单几步操作，就可以将数据列表变成能够提供更有价值信息的报表，如图 11-2 所示。

图 11-2　数据透视表

左侧数据透视表按不同客户进行汇总，展示了每个客户的销售总额。

中间的数据透视表按不同产品的类别进行汇总，展示了每个产品类别的销售总额。

右侧的数据透视表按不同月份进行汇总，展示了每个月的销售总额。

11.1.2 认识数据透视表结构

素材所在位置：

光盘：\素材\第 11 章使用透视表分析数据\11.1.2 认识数据透视表结构.xlsx。

数据透视表结构分为 4 个部分，如图 11-3 所示。

图 11-3　数据透视表结构

（1）筛选器区域，该区域的字段将作为数据透视表的报表筛选字段。

（2）行区域，该区域中的字段将作为数据透视表的行标签显示。

（3）列区域，该区域中的字段将作为数据透视表的列标签显示。

（4）值区域，该区域中的字段将作为数据透视表显示汇总的数据。

单击数据透视表，默认会显示【数据透视表字段列表】对话框，在该对话框中可以清晰地反映出数据透视表的结构，如图 11-4 所示。借助【数据透视表字段列表】对话框，用户可以方便地向数据透视表内添加、删除和移动字段。

图 11-4　数据透视表字段列表

11.1.3 数据透视表常用术语

数据透视表中的常用术语如表 11-1 所示。

表 11-1　　　　　　　　　　　　数据透视表常用术语

术语	含义
数据源	用于创建数据透视表的数据列表
列字段	等价于数据列表中的列
行字段	在数据透视表中具有行方向的字段
页字段	数据透视表中进行分页的字段
字段标题	用于描述字段内容
项	组成字段的成员，图 11-2 中"光明杂志"就是组成客户字段的项
组	一组项目的组合，图 11-2 中的"3 月"和"4 月"就是日期项目的组合
分类汇总	数据透视表中对一行或一列单元格的分类汇总
刷新	重新计算数据透视表，反映目前数据源的状态

11.1.4 数据透视表可使用的数据源

数据透视表可使用的数据源包括以下 4 种。

（1）Excel 数据列表。使用数据列表作为数据透视表的数据源时，标题行内不能有空白单元格或合并单元格，否则生成数据透视表时会提示错误。

（2）外部数据源。例如文本文件、Access 数据库文件或是其他 Excel 工作簿中的数据。

（3）多个独立的 Excel 数据列表。在制作数据透视表时，可以将各个独立表格中的数据信息汇总到一起。

（4）其他数据透视表。创建完成的数据透视表可以作为数据源，创建新的数据透视表。

11.2 创建第一个数据透视表

素材所在位置：

光盘：\素材\第 11 章使用透视表分析数据\11.2 创建第一个数据透视表.xlsx。

图 11-5 所示是某公司在不同销售地区的销售记录，需要统计不同销售地区的商品销售总额。

	A	B	C	D	E	F
1	销售地区	销售人员	品名	数量	单价	销售金额
8	北京	苏云珊	电脑主机	88	2500	220000
9	北京	苏云珊	笔记本	16	3000	48000
10	北京	赵盟盟	显示器	3	1000	3000
11	北京	赵盟盟	机械键盘	72	500	36000
12	北京	赵盟盟	电脑主机	65	2500	162500
13	北京	赵盟盟	笔记本	64	3000	192000
14	杭州	白云飞	显示器	116	1000	116000
15	杭州	白云飞	机械键盘	58	500	29000
16	杭州	白云飞	电脑主机	85	2500	212500
17	杭州	白云飞	笔记本	56	3000	168000
18	杭州	苏云珊	显示器	143	1000	143000
19	杭州	苏云珊	机械键盘	72	500	36000
20	杭州	苏云珊	电脑主机	6	2500	15000
21	杭州	苏云珊	笔记本	67	3000	201000
22	杭州	赵盟盟	显示器	103	1000	103000

图 11-5　发货明细记录

操作步骤如下。

步骤 1　单击数据区域任意一个单元格，在【插入】选项卡中单击【数据透视表】图标，将会弹出【创建数据透视表】对话框，在表/区域列表框中，Excel 会自动选取当前数据区域，如图 11-6 所示。

图 11-6　插入数据透视表

步骤2 单击【确定】按钮，即可创建一个空的数据透视表，如图 11-7 所示。

步骤3 在【数据透视表字段列表】对话框中，分别勾选"销售地区"和"销售金额"字段，会自动出现在对话框的"行标签"和"数值"区域，同时也被添加到数据透视表中，如图 11-8 所示。

图 11-7　空的数据透视表

图 11-8　向数据透视表中添加字段

11.3　设置数据透视表布局，多角度展示数据

素材所在位置：

光盘：\素材\第 11 章使用透视表分析数据\ 11.3 设置数据透视表布局，多角度展示数据.xlsx。

数据透视表创建完成后，通过对数据透视表布局的调整，可以得到新的报表，实现不同角度的数据分析需求。

11.3.1　改变数据透视表的整体布局

只要在【数据透视表字段列表】中拖动字段按钮，就可以重新安排数据透视表的布局。以图 11-9 所示的数据透视表为例，希望调整"发货季"和"类别"的结构次序。

可以选中数据透视表区域的任意单元格，单击【数据透视表字段列表】中的"类别"字段，在弹出的扩展菜单中选择【上移】命令，如图 11-10 所示。

设置数据透视表布局，多角度展示数据

图 11-9　数据透视表

图 11-10　改变数据透视表布局

除此之外，还可以在【数据透视表字段列表】中的各个区域间拖动字段，也可以实现对数据透视表的重新布局，如图 11-11 所示。

图 11-11　拖动字段重新布局

11.3.2　数据透视表报表筛选器的使用

当字段显示在列区域或是行区域时，能够显示字段中的所有项。当字段位于报表筛选区域中时，字段中的所有项都会成为数据透视表的筛选条件。

1．显示报表筛选字段的单个数据项

单击筛选字段右侧的下拉箭头，在下拉列表中会显示该字段的所有项目，选中一项并单击【确定】按钮，数据透视表将以此项进行筛选，如图 11-12 所示。

2．显示报表筛选字段的多个数据项

如果希望对报表筛选字段中的多个项进行筛选，可以单击该字段右侧的下拉按钮，在弹出的下拉列表中勾选【选择多项】复选框，依次去掉"3 季度"和"4 季度"两个不需要显示项目的勾选，单击【确定】按钮，报表筛选字段"发货季"的内容由"（全部）"变为"（多项）"，数据透视表的内容也发生相应变化，如图 11-13 所示。

图 11-12　筛选二季度各类商品销售额

图 11-13　筛选多项

3．显示报表筛选页

利用【显示报表筛选页】功能，可以在不同工作表内创建多个数据透视表，每个工作表显示报表筛选字

段中的一项。

示例 11-1　快速生成各季度的分析报表

素材所在位置：

光盘：\素材\第 11 章使用数据透视表分析数据\示例 11-1 快速生成各季度的分析报表.xlsx。

如图 11-14 所示，需要根据该数据透视表生成不同季度的独立报表。

操作步骤如下。

步骤 1　单击数据透视表中的任意单元格，如 A6，在【选项】选项卡下单击【选项】下拉按钮，选择【显示报表筛选页】命令，将会弹出【显示报表筛选页】对话框，如图 11-15 所示。

图 11-14　需要显示报表筛选页的数据透视表

图 11-15　调出【报表筛选页】对话框

步骤 2　单击【显示报表筛选页】对话框中的【确定】按钮，"发货季"字段中的每个季度的数据将分别显示在不同的工作表中，并且按照"发货季"字段中的各项对工作表命名，如图 11-16 所示。

	A	B	C	D
1	发货季	1 季度		
2				
3	求和项:销售额	类别		
4	产品	点心	调味品	总计
5	饼干	1685.36		1685.36
6	蛋糕	817		817
7	蕃茄酱		544	544
8	海苔酱		1347.36	1347.36
9	海鲜酱		2679	2679
10	蚝油		1994.85	1994.85
11	花生	1418		1418
12	辣椒粉		1112.8	1112.8
13	绿豆糕	1267.5		1267.5
14	棉花糖	5079.6		5079.6
15	牛肉干	1755		1755
16	巧克力	193.2		193.2
17	肉松		816	816

图 11-16　生成各季度的分析报表

示例结束

11.4　整理数据透视表字段

素材所在位置：

光盘：\素材\第 11 章使用透视表分析数据\ 11.4 整理数据透视表字段.xlsx。

对数据透视表字段进行必要的整理，可以满足用户对数据透视表格式的需求。

11.4.1　重命名字段

向数据透视表中添加汇总字段后，会自动重命名，即在数据源字段标题基础上加上"求和项："和"计数项："的汇总方式说明，如图 11-17 所示。

可以修改数据透视表的字段名称，使标题更加简洁。

数据透视表字段名称与数据源的标题行名称不能相同，数据透视表的不同字段也不能使用相同的名称。单击数据透视表的列标题单元格"求和项：销售额"，在编辑栏内选中"求和项："部分，输入一个空格，使其变成"销售额"，也可以直接输入其他内容作为字段标题，完成后的效果如图 11-18 所示。

	A	B	C
1			
2			
3			
4	发货季	求和项:销售额	计数项:产品
5	1 季度	32779.63	19
6	2 季度	32442.78	21
7	3 季度	30629.21	21
8	4 季度	35105.17	22
9	总计	130956.79	83

图 11-17　默认的数据字段名

	A	B	C
1			
2			
3			
4	发货季	销售额	产品数量
5	1 季度	32779.63	19
6	2 季度	32442.78	21
7	3 季度	30629.21	21
8	4 季度	35105.17	22
9	总计	130956.79	83

图 11-18　修改后的字段名称

11.4.2　删除字段

对数据透视表中不再需要分析显示的字段，可以通过【数据透视表字段列表】删除。

在【数据透视表字段列表】对话框中单击需要删除的字段，在弹出的快捷菜单中选择【删除字段】即可，如图 11-19 所示。

图 11-19　删除数据透视表字段

除此之外，也可以将字段拖动到【数据透视表字段列表】之外的区域，或是在需要删除的数据透视表字段上单击鼠标右键，在快捷菜单中单击【删除"字段名"】命令。

11.4.3　隐藏字段标题

单击数据透视表，在【选项】选项卡中单击【字段标题】切换按钮，将隐藏或显示数据透视表中默认带有筛选按钮的行列字段标题，如图 11-20 所示。

图 11-20　隐藏字段标题

11.4.4　活动字段的折叠与展开

素材所在位置：

光盘：\素材\第 11 章使用透视表分析数据\ 11.4.4 活动字段的折叠与展开.xlsx。

单击数据透视表，在【选项】选项卡下选择字段折叠与展开按钮，可以显示或隐藏明细数据，方便用户的汇总需求。

操作步骤如下。

步骤 1　单击数据透视表中的"类别"字段，在【选项】选项卡下单击【折叠整个字段】按钮，"类别"字段下的明细数据将被隐藏，如图 11-21 所示。

图 11-21　折叠"类别"字段

步骤 2　在"发货季"字段下，单击各项目前的"+/-"按钮，可以展开或折叠该项的明细数据，如图 11-22 所示。

数据透视表中的字段被折叠后，在【选项】选项卡下单击【展开整个字段】按钮，即可展开所有字段。

如果用户希望去掉数据透视表中各字段项的"+/-"按钮，可以在【选项】选项卡中单击【+/-按钮】来进行切换，如图 11-23 所示。

图 11-22　展开或折叠某一项明细数据

图 11-23　显示或隐藏"+/-"按钮

11.5　改变数据透视表的报告格式

数据透视表创建完成后，可以通过【设计】选项卡下的【布局】命令组中的各个选项来设置数据透视表的报告格式。

11.5.1　报表布局

素材所在位置：

光盘：\素材\第 11 章使用透视表分析数据\ 11.5.1　报表布局.xlsx。

数据透视表报表布局分为"以压缩形式显示""以大纲形式显示"和"以表格形式显示"3 种显示形式。单击数据透视表，然后依次单击【设计】→【报表布局】下拉按钮，可在下拉菜单中选择不同的显示形式，如图 11-24 所示。

图 11-24　报表布局

3 种不同显示形式如图 11-25 所示，从左到右依次为："以压缩形式显示""以大纲形式显示"和"以表格形式显示"。

图 11-25　不同报表布局的显示效果

新创建的数据透视表显示方式默认为"以压缩形式显示"，所有行字段都压缩在一列内，不便于数据的观察，可以根据图 11-24 中的步骤，在【报表布局】下拉菜单中选择"以表格形式显示"命令，使数据透视表以表格的形式显示。以表格形式显示的数据透视表更加直观，并且便于阅读，多数情况下数据透视表都会以此形式显示。

使用【重复所有项目标签】命令，能够将数据透视表中的空白字段填充为相应的数值，使数据透视表的显示方式更接近于常规表格形式。

单击数据透视表，然后依次单击【设计】→【报表布局】下拉按钮，在下拉菜单中选择重复所有项目标签】命令，如图 11-26 所示。

图 11-26　重复所有项目标签

选择【不重复项目标签】命令，可以撤销数据透视表所有重复项目的标签。

11.5.2　分类汇总的显示方式

素材所在位置：
光盘：\素材\第 11 章使用透视表分析数据\ 11.5.2 分类汇总的显示方式.xlsx。

在以表格形式显示的数据透视表中，会自动添加分类汇总，如果不需要使用分类汇总，可以将分类汇总删除。

单击数据透视表，在【设计】选项卡下，单击【分类汇总】下拉按钮，在弹出的下拉菜单中选择【不显示分类汇总】命令，如图 11-27 所示。

除此之外，也可以在数据透视表的相应字段名称列单击鼠标右键，在弹出的快捷菜单中选择【分类汇总"字段名"】，实现分类汇总显示或隐藏的切换，如图 11-28 所示。

图 11-27　不显示分类汇总　　　　　　　图 11-28　在右键快捷菜单中切换

11.6　套用数据透视表样式

素材所在位置：
光盘：\素材\第 11 章使用透视表分析数据\ 11.6 套用数据透视表样式.xlsx。

创建完成后的数据透视表，可以对其进一步的修饰美化。除了常规的单元格格式设置以外，Excel 还内置了 84 种数据透视表样式，允许用户自定义修改设置。

单击数据透视表，在【设计】选项卡下的数据透视表样式命令组中，单击某种内置样式，数据透视表会自动套用该样式，如图 11-29 所示。

图 11-29　数据透视表样式

在【数据透视表样式选项】命令组中，还提供了【行标题】、【列标题】、【镶边行】、【镶边列】等的选项。勾选【行标题】或【列标题】复选框时，将对数据透视表的行标题和列标题应用特殊格式。勾选【镶边行】或【镶边列】时，将对数据透视表的奇数行（列）和偶数行（列）分别应用不同的格式。

11.7　刷新数据透视表

素材所在位置：
光盘：\素材\第 11 章使用透视表分析数据\ 11.7 刷新数据透视表.xlsx。

如果数据透视表的数据源内容发生变化，数据透视表中的汇总结果不会实时自动更新，需要用户手动刷新。

11.7.1 手动刷新

可以在数据透视表区域的任意单元格单击鼠标右键，在弹出的快捷菜单中单击【刷新】命令，如图 11-30 所示。

图 11-30　刷新数据透视表

也可以单击数据透视表，在【选项】选项卡下单击【刷新】按钮。

11.7.2 打开文件时刷新

在数据透视表区域的任意单元格单击鼠标右键，在弹出的快捷菜单中单击【数据透视表选项】命令，将会打开【数据透视表选项】对话框。切换到【数据】选项卡，勾选【打开文件时刷新数据】复选框，单击【确定】按钮，如图 11-31 所示。

图 11-31　打开文件时刷新数据

设置完成后，每次打开数据透视表所在的工作簿时，将自动刷新数据透视表中的数据。

11.7.3 刷新使用外部数据源的数据透视表

素材所在位置：
光盘：\素材\第 11 章使用透视表分析数据\ 11.7.3 刷新使用外部数据源的数据透视表.xlsx。

如果数据透视表的数据源是基于对外部数据的查询，Excel 能够在后台执行数据刷新。

操作步骤如下。

步骤 1 单击数据透视表中任意单元格，如 A3，在【数据】选项卡中单击【属性】按钮，将会弹出【连接属性】对话框。

步骤 2 在【连接属性】对话框的刷新控件命令组中，勾选"允许后台刷新"，设置刷新频率为 30 分钟，单击【确定】按钮，如图 11-32 所示。

图 11-32　设置允许后台刷新

11.8　认识数据透视表切片器

> 素材所在位置：
> 光盘：\素材\第 11 章使用透视表分析数据\ 11.8 认识数据透视表切片器.xlsx。

如果对数据透视表中的某个字段进行筛选，数据透视表中显示的只是筛选后的结果，只能通过筛选字段的下拉列表查看对哪些数据项进行了筛选。

使用切片器功能，不仅能够对数据透视表字段进行筛选操作，而且能够直观地在切片器中查看该字段的所有数据项信息。如图 11-33 所示，在数据透视表的筛选字段中，"货主地区"显示为"（多项）"，而无法查看出具体的地区，右侧的切片器则可以直观地显示出全部货主地区的列表，并且突出标记当前筛选项。

认识数据透视表切片器

图 11-33　切片器

数据透视表的切片器,可以看作是一种图形化的筛选方式,为数据透视表中的每个字段创建一个选取器,浮动于数据透视表之上。通过选取切片器中的字段项,能够实现比使用字段下拉列表筛选更加方便灵活的筛选功能。

11.8.1 插入切片器

如图 11-34 所示,要在数据透视表中插入"货主地区"字段的切片器。

操作步骤如下。

步骤 1 单击数据透视表中任意单元格,如 A6,在【选项】选项卡下,单击【插入切片器】按钮,将会弹出【插入切片器】对话框。

步骤 2 在【插入切片器】对话框中,勾选"货主地区"复选框,单击【确定】按钮,完成切片器的插入,如图 11-35 所示。

在【切片器】筛选框内,按<Ctrl>键,可同时选中多个字段进行筛选。

图 11-34 数据透视表

图 11-35 插入切片器

11.8.2 多个数据透视表联动

素材所在位置:

光盘:\素材\第 11 章使用透视表分析数据\ 11.8.2 多个数据透视表联动.xlsx。

对于同一个数据源创建的多个数据透视表,使用切片器功能可以实现多个透视表的联动。

操作步骤如下。

步骤 1 在任意一个数据透视表内插入"订购日期"字段的切片器。

步骤 2 单击切片器的空白位置,在【选项】选项卡下,单击【数据透视表连接】按钮,将会弹出【数据透视表连接(订购日期)】对话框。

步骤 3 分别勾选对话框中的"数据透视表 1""数据透视表 2"和"数据透视表 3",单击【确定】按钮完成设置,如图 11-36 所示。

在切片器内选择日期后,所有数据透视表都将显示该日期的数据,如图 11-37 所示。

图 11-36　数据透视表连接

图 11-37　多个数据透视表联动

11.8.3 | 切片器样式设置

素材所在位置：

光盘：\素材\第 11 章使用透视表分析数据\ 11.8.3 切片器样式设置.xlsx。

1. 多列显示切片器内的字段项

如果切片器内字段项比较多，可以设置为多列显示，以便于筛选操作。

单击切片器空白位置，在【选项】选项卡中将"列"的数字调整为 5，然后拖动切片器边框调整大小，如图 11-38 所示。

图 11-38　多列显示切片器内的字段项

2. 自动套用切片器样式

切片器样式库中内置了 14 种可以套用的切片器样式，单击切片器空白位置，在【选项】选项卡中单击【切片器样式】下拉按钮，在下拉菜单中选择一种样式，如图 11-39 所示。

图 11-39　自动套用切片器样式

11.8.4　清除切片器的筛选

清除切片的筛选有多种方法，一是单击切片器内右上角的【清除筛选器】按钮。二是单击切片器，按<ALT+C>组合键。三是在切片器内单击鼠标右键，从快捷菜单中选择【从"字段名"中清除筛选器】命令。

11.8.5　删除切片器

如需删除切片器，可以在切片器内单击鼠标右键，在快捷菜单中选择【删除"字段名"】命令即可。

11.9　数据透视表中的项目组合

数据透视表的组合功能，可以对日期、数字等不同数据类型的数据项采取多种组合方式，增强数据透视表分类汇总的适用性，使得数据透视表的分类方式能够适合更多的应用场景。

11.9.1　日期项组合

> 素材所在位置：
>
> 光盘：\素材\第 11 章使用透视表分析数据\11.9.1 日期项组合.xlsx。

对于日期型数据，数据透视表提供了多种组合选项，可以按秒、分、小时、日、月、季度和年等多种时间单位进行组合。

图 11-40 所示是按日期汇总的数据透视表，通过对日期项进行分组，可以显示出不同年份、不同季度的汇总数据。

操作步骤如下。

步骤 1　在数据透视表"日期"字段上单击鼠标右键，在弹出的快捷菜单中单击【创建组】命令，将会弹出【分组】对话框。

日期项组合

步骤2 在【分组】对话框中，保持"起始于"和"终止于"日期的默认设置，在"步长"列表框中，选中"年"和"季度"，单击【确定】按钮，如图 11-41 所示。

运货费	列标签						
日期	东北	华北	华东	华南	西北	西南	总计
2015/9/3		97.14					97.14
2015/9/4			23.22				23.22
2015/9/7		124.02	197.49				321.51
2015/9/8		153.9					153.9
2015/9/9			174.51				174.51
2015/9/10		68.94					68.94
2015/9/11			593.32				593.32
2015/9/14				27.94			27.94
2015/9/15				245.73			245.73
2015/9/16				421.53			421.53
2015/9/17	6.5						6.5
2015/9/18		6.1		220.36			226.46
2015/9/21			144.87				144.87
2015/9/22				584.24			584.24
2015/9/23			7.34				7.34
2015/9/24	110.56						110.56
2015/9/25		25.73					25.73

图 11-40　按日期汇总的数据透视表

图 11-41　【分组】对话框

分组后的数据透视表，显示出不同年份和不同季度的汇总数据，如图 11-42 所示。

运货费	列标签						
日期	东北	华北	华东	华南	西北	西南	总计
⊟2015年							
第三季	117.06	1234.15	1149.87	1499.8			4000.88
第四季	216.98	5552.27	4119.24	941.02	330.17	1919.41	13079.09
⊟2016年							
第一季	1892.04	9570.78	1927.83	6743.03		1871.7	22005.38
第二季	861.61	7742.03	5210.47	6227.07	32.74	2918.45	22992.37
第三季	2893.08	9713.92	5522.52	2326.13		5125.61	25581.26
第四季	467.19	15676.59	4098.35	6847.86	184.2	6930.69	34204.88
⊟2017年							
第一季	54.8	12908.56	6707.94	8876.32	1002.31	6477.36	36027.29
第二季	66.52	16788.1	8316.39	10003.19	124.46	11932.81	47231.47
第三季		331.12	775.82	1042.54		114.84	2264.32
总计	6569.28	79517.52	37828.43	44506.96	1673.88	37290.87	207386.94

图 11-42　按日期组合后的数据透视表

11.9.2 数值项组合

素材所在位置：

光盘：\素材\第 11 章使用透视表分析数据\11.9.2 数值项组合.xlsx。

对于数据透视表中的数值型字段，可以使用组合功能，按指定区间进行分组汇总。

图 11-43 所示是某公司员工信息表的部分内容，需要统计不同年龄段的学历分布情况。

数值项和文本项组合

操作步骤如下。

步骤1 在"行标签"字段单击鼠标右键，在弹出的快捷菜单中，选择【创建组】，弹出【组合】对话框。

步骤2 在【组合】对话框中，"起始于"编辑框中输入 25，"终止于"编辑框中输入 45，"步长"编辑框中输入 5，单击【确定】按钮，如图 11-44 所示。

	A	B	C	D						
1	姓名	性别	年龄	学历	计数项:姓名	列标签				
2	欧阳嫒	女	36	本科	行标签	本科	人专	高中	研究生	总计
3	工梦雅	女	26	高中	22				1	1
4	舒圣闲	男	28	大专	24				1	1
5	穆晨阳	男	40	高中	26		1	1		2
6	陌亦扬	男	42	大专	27	1			1	2
7	裴清琅	男	46	研究生	33		1		1	2
8	林羽涟	男	45	大专	36	1	1	1		3
9	洛少泽	男	36	高中	38	1	3			4
10	辛潇若	男	43	大专	40			1		1
11	李让庭	男	46	大专	41		2			2
12	尤沙秀	女	33	大专	42	1	2			3
13	明与雁	男	38	大专	43		1		1	2
14	乔陌宁	男	45	大专	44				1	1
15	杜郎清	男	42	本科	45		2		1	3
16	柳千伈	女	27	本科	46		1	1	1	3
17	庄秋言	男	38	大专	总 计	4	14	5	6	29

图 11-43　数据透视表

设置完毕，数据透视表即可按指定区间进行组合。修改字段标题和行标签中的组合说明文字，完成对不同年龄段的学历分布情况统计，如图 11-45 所示。

	A	B	C	D	E	F
1						
2						
3	计数项:姓名	列标签				
4	行标签	本科	大专	高中	研究生	总计
5	<25				2	2
6	25-29	1	1	2		4
7	30-34		1		1	2
8	35-39	2	4	1		7
9	40-45	1	7	1	2	11
10	>45		1	1	1	3
11	总 计	4	14	5	6	29

人数	学历				
年龄段	本科	大专	高中	研究生	总计
25岁以下				2	2
25-29	1	1	2		4
30-34		1		1	2
35-39	2	4	1		7
40-45	1	7	1	2	11
45岁以上		1	1	1	3
总 计	4	14	5	6	29

组合　　　　? ×

自动

☐ 起始于(S)：25

☐ 终止于(E)：45

步长(B)：5

确定　　取消

图 11-44　【组合】对话框

图 11-45　统计不同年龄段的学历分布情况

11.9.3 取消组合及组合出错的原因

素材所在位置：

光盘：\素材\第 11 章使用透视表分析数据\11.9.3 取消组合及组合出错的原因.xlsx。

如需取消数据透视表中已经创建的组合，可以在此组合上单击鼠标右键，在弹出的快捷菜单中选择【取消组合】命令，数据透视表字段将恢复到组合前的状态。

在对数据透视表进行分组时，有可能会弹出"选定区域不能分组"的错误提示，如图 11-46 所示。

出现分组失败的原因主要有以下 3 种。一是组合字段的数据类型不一致，二是日期数据格式不正确，三是数据源引用失效。可以通过修改数据源中的数据类型、更改数据透视表的数据源等方法进行处理。

Microsoft Excel ×

⚠ 选定区域不能分组。

确定

图 11-46　错误提示

11.10　选择不同的数据汇总方式

素材所在位置：

光盘：\素材\第 11 章使用透视表分析数据\ 11.10 选择不同的数据汇总方式.xlsx。

数据透视表对数值字段默认使用求和汇总方式，对非数值字段默认使用计数方式汇总。另外还包括平均值、最大值、最小值和乘积等多种汇总方式，实际操作时可以根据需要选择不同的汇总方式。

在数据透视表的数值区域，选中相应字段的任意单元格，单击鼠标右键，在弹出的快捷菜单中单击【值字段设置】，在弹出的【值字段设置】对话框中选择需要的汇总方式，单击【确定】按钮完成设置，如图 11-47 所示。

图 11-47　值字段设置

在快捷菜单中选择【值汇总依据】命令，也可以选择多种不同的汇总方式。

11.10.1　对同一字段使用多种汇总方式

数值区域中的同一个字段，可以同时使用多种汇总方式，从不同角度分析数据。只要在【数据透视表字段列表】中将某个字段多次添加到数值区域，再从【值字段设置】对话框中选择不同的汇总方式即可。

对同一字段使用多种汇总方式

11.10.2　丰富的值显示方式

素材所在位置：

光盘：\素材\第 11 章使用透视表分析数据\ 11.10.2 丰富的值显示方式.xlsx。

除了【值字段设置】对话框内的汇总方式，Excel 数据透视表还提供了更多的计算方式，如"父行汇总的百分比""父列汇总的百分比""父级汇总的百分比"和"按某一字段汇总的百分比"等。利用这些功能，能够显示数据透视表的数值区域中每项占同行或同列数据总和的百分比，或是显示每个数值占总和的百分比等。

有关数据透视表值显示方式功能的简要说明，如表 11-2 所示。

表 11-2　　　　　　　　　　　　　　数据透视表值显示方式

选项	数值区域字段显示为
无计算	数据透视表中的原始数据
总计的百分比	每个数值项占所有汇总的百分比值
列汇总的百分比	每个数值项占列汇总的百分比值

续表

选项	数值区域字段显示为
行汇总的百分比	每个数值项占行汇总的百分比值
百分比	以选中的参照项为 100%，显示其余项基于该项的百分比
父行汇总的百分比	在多个行字段的情况下，以父行汇总为 100%，计算每个数值项的百分比
父列汇总的百分比	在多个列字段的情况下，以父列汇总为 100%，计算每个数值项的百分比
父级汇总的百分比	某一项数据占总和（行总计和列总计交汇处单元格数值）的百分比
差异	以选中的某个基本项为参照，显示其余项与该项的差异值
差异百分比	以选中的某个基本项为参照，显示其余项与该项的差异值百分比
按某一字段汇总	根据选中的某一字段进行汇总
按某一字段汇总的百分比	将根据字段汇总的结果显示为百分比
升序排列	对某一字段进行排名，显示按升序排列的序号
降序排列	对某一字段进行排名，显示按降序排列的序号
指数	计算数据的相对重要性。使用公式：单元格的值×总体汇总之和/（行总计×列总计）

示例 11-2　计算各地区不同产品的销售占比

素材所在位置：

光盘：\素材\第 11 章使用数据透视表分析数据\示例 11-2 计算各地区不同产品的销售占比.xlsx。

图 11-48 所示是某公司在不同销售地区的销售记录，需要分析各销售地区不同产品的销售占比。

	A	B	C	D	E	F
1	销售地区	销售人员	品名	数量	单价	销售金额
8	北京	苏云珊	电脑主机	88	2500	220000
9	北京	苏云珊	笔记本	16	3000	48000
10	北京	赵盟盟	显示器	3	1000	3000
11	北京	赵盟盟	机械键盘	72	500	36000
12	北京	赵盟盟	电脑主机	65	2500	162500
13	北京	赵盟盟	笔记本	64	3000	192000
14	杭州	白云飞	显示器	116	1000	116000
15	杭州	白云飞	机械键盘	58	500	29000
16	杭州	白云飞	电脑主机	85	2500	212500
17	杭州	白云飞	笔记本	56	3000	168000
18	杭州	苏云珊	显示器	143	1000	143000
19	杭州	苏云珊	机械键盘	72	500	36000
20	杭州	苏云珊	电脑主机	6	2500	15000

图 11-48　销售记录

操作步骤如下。

步骤1　单击数据区域任意单元格，插入数据透视表。

步骤2　在【数据透视表字段列表】中，将"销售地区"和"品名"字段拖动到行标签区域，将"销售金额"字段拖动到数值区域。设置数据透视表报表布局为"以表格形式显示"，然后单击鼠标右键，在快捷菜单中【数据透视表选项】，切换到【布局和格式】选项卡，勾选【合并且居中排列带标签的单元格】复选框。修改字段标题为"销售金额占比"，如图 11-49 所示。

步骤3　选中数据透视表"销售金额占比"字段任意单元格，单击鼠标右键，在弹出的快捷菜单中单击【值显示方式】→【父级汇总的百分比】，将会弹出【值显示方式（销售金额占比）】对话框，"基本字段"保留默认的"销售地区"选项，单击【确定】按钮，如图 11-50 所示。

图 11-49　调整数据透视表字段

完成后的效果如图 11-51 所示，每个销售地区的销售金额为 100%，以此为基准，显示每种商品的销售金额在该销售地区所占的百分比。

图 11-50　设置值显示方式　　　　　　　图 11-51　各地区不同产品的销售占比

示例结束

示例 11-3　快速实现销售业绩汇总与排名

素材所在位置：

光盘：\素材\第 11 章使用数据透视表分析数据\示例 11-3 快速实现销售业绩汇总与排名.xlsx。

图 11-52 所示是某单位的销售流水记录，需要汇总出每个销售人的个人销售总额、销售业绩占比以及销售业绩排名。

操作步骤如下。

步骤 1　单击数据区域中任意单元格，插入数据透视表。

步骤 2　在数据透视表字段列表中，将"销售人"字段拖动到行标签区域，将"金额"字段拖动 3 次到数值区域，如图 11-53 所示。

步骤 3　选中"求和项：金额 2"字段列任意单元格，单击鼠标右键，在弹出的快捷菜单中依次单击【值显示方式】→【父行汇总的百分比】，如图 11-54 所示。

	A	B	C	D	E	F	G
1	销售人	业务日期	产品名称	单价	数量	折扣	金额
2143	张颖	2017/1/17	海鲜粉	30	12	0	360
2144	张颖	2017/1/17	饼干	17.45	15	0	261.75
2145	张颖	2017/1/17	虾子	9.65	5	0	48.25
2146	金士鹏	2016/7/11	墨鱼	62.5	8	0	500
2147	孙林	2017/2/12	棉花糖	31.23	5	0	156.15
2148	孙林	2017/2/12	虾子	9.65	6	0	57.9
2149	孙林	2017/2/12	浓缩咖啡	7.75	10	0	77.5
2150	郑建杰	2017/2/12	猪肉	39	6	0	234
2151	郑建杰	2017/2/12	浪花奶酪	2.5	7	0	17.5
2152	李芳	2016/12/5	糖果	9.2	2	0	18.4
2153	李芳	2016/12/5	蜜桃汁	18	8	0	144
2154	李芳	2016/12/5	绿茶	263.5	8	0	2108
2155	李芳	2016/12/5	柳橙汁	46	9	0	414
2156	郑建杰	2017/1/24	桂花糕	81	5	0	405
2157	郑建杰	2017/1/24	三合一麦片	7	5	0	35
2158	郑建杰	2017/1/24	柠檬汁	18	20	0	360

图 11-52　销售流水记录

图 11-53　调整数据透视表字段

图 11-54　设置值显示方式 1

步骤 4　选中"求和项：金额 3"字段列任意单元格，单击鼠标右键，在弹出的快捷菜单中依次单击【值显示方式】→【降序排列】，弹出【值显示方式（求和项：金额 3）】对话框，"基本字段"保留默认的"销售人"选项，单击【确定】按钮，如图 11-55 所示。

图 11-55　设置值显示方式 2

步骤5　依次修改字段标题，将"行标签"修改为"姓名"，"求和项:金额"修改为"销售金额"，"求和项:金额 2"修改为"销售占比"，"求和项:金额 3"修改为"销售排名"，如图 11-56 所示。

	A	B	C	D
3	姓名	销售金额	销售占比	销售排名
4	金士鹏	124568.22	9.84%	6
5	李芳	202812.82	16.02%	2
6	刘英玫	126862.27	10.02%	5
7	孙林	73913.13	5.84%	8
8	王伟	166537.75	13.16%	4
9	张雪眉	78186.04	6.18%	7
10	张颖	192488.27	15.21%	3
11	赵军	68792.25	5.43%	9
12	郑建杰	231682.83	18.30%	1
13	总计	1265843.58	100.00%	

图 11-56　修改字段标题

示例结束

11.11　在数据透视表中使用计算字段和计算项

数据透视表中不允许手工更改内容，也不能直接在数据透视表中插入单元格或添加公式进行计算。如果需要在数据透视表中执行自定义计算，可以使用添加"计算字段"和"计算项"功能。

计算字段是通过对数据透视表中现有的字段执行计算后得到的新字段。

计算项是在数据透视表的现有字段中插入新的项，通过对该字段的其他项执行计算后得到该项的值。

计算字段和计算项可以对数据透视表中现有的数据以及指定的常量进行运算，但是无法引用数据透视表之外的工作表数据。

11.11.1　创建计算字段

素材所在位置：
光盘：\素材\第 11 章使用透视表分析数据\ 11.11.1　创建计算字段.xlsx。

图 11-57 展示了根据某物流公司业务记录表所创建的数据透视表，汇总了各城市的运货费总额。需要根据运货费总额计算提成，提成比例为 1.5%，可以通过添加计算字段的方法实现。

	A	B	C	D	E	F
1	负责人	城市	地址	订单ID	发货日期	运货费
117	黄雅玲	温州	华翠南路 276 号	10405	2015/12/14	34.82
118	方先生	南昌	九江西街 374 号	10406	2015/12/5	108.04
119	方先生	昆明	幸福西大路 237 号	10409	2015/12/6	11.26
120	谢丽秋	上海	南京路丁 93 号	10409	2015/12/6	29.83
121	王先生	上海	云南路 912 号	10410	2015/12/7	2.4
122	王先生	天津	天大东路 347 号	10411	2015/12/13	23.65
123	成先生	天津	柳明辅路 361 号	10412	2015/12/7	3.77
124	苏先生	昆明	城东路 12 号	10413	2015/12/8	95.66
125	徐先生	厦门	同兴北路 364 号	10414	2015/12/9	21.48
126	徐先生	温州	承德路 73 号	10415	2015/12/16	0.2
127	成先生	天津	光德新路 237 号	10416	2015/12/19	22.72
128	方先生	成都	西跃进路 34 号	10419	2015/12/22	137.35
129	何先生	天津	黄河老路 358 号	10420	2015/12/19	44.12
130	刘先生	天津	宏伟辅路 383 号	10421	2015/12/19	99.23
131	成先生	秦皇岛	光明北路 643 号	10422	2015/12/23	3.02
132	刘维国	天津	复后路 713 号	10424	2015/12/19	370.61
133	林丽莉	天津	瀹顺口南街 52 号	10427	2016/1/23	31.29
134	王先生	大连	明成街 9 号	10431	2015/12/30	44.17
135	唐小姐	南京	黄河路 58 号	10432	2015/12/30	4.34

3	行标签	求和项:运货费
4	北京	1697.11
5	成都	273.92
6	大连	395.88
7	济南	493.98
8	昆明	296.24
9	南昌	288.5
10	南京	797.29
11	秦皇岛	280.22
12	青岛	302.95
13	厦门	375.35
14	上海	394.43
15	深圳	96.67
16	天津	3045.72
17	温州	176.33
18	总计	8914.59

图 11-57　需要创建计算字段的数据透视表

操作步骤如下。

步骤1　单击数据透视表数值区域任意单元格，如 B5，单击【选项】选项卡下的【域、项目和集】下拉按钮，在下拉菜单中选择【计算字段】命令，将会弹出【插入计算字段】对话框，如图 11-58 所示。

图 11-58　插入计算字段

步骤2　在【插入计算字段】对话框的"名称"编辑框内输入"提成"。将指针定位到"公式"编辑框内，清除默认的"= 0"。

双击字段列表框中的"运货费"字段，然后输入"*0.015"，单击【添加】按钮，最后单击【确定】按钮关闭对话框，如图 11-59 所示。

设置完成后，数据透视表中将新增一个名为"提成"的字段，如图 11-60 所示。

图 11-59　设置计算字段公式　　　　　　　　　图 11-60　添加了计算字段的数据透视表

11.11.2 | 添加计算项

　　素材所在位置：

　　光盘：\素材\第 11 章使用透视表分析数据\ 11.11.2 添加计算项.xlsx。

　　图 11-61 展示了根据某商城电子产品销售记录所创建的数据透视表，汇总了不同商品在不同年份的销售总额。在该数据透视表中，包含"2015"和"2016"两个年份的列字段，可以通过添加计算项的方法计算每种商品在两个年份之间的销售差异。

图 11-61　需要添加计算项的数据透视表

　　操作步骤如下。

步骤 1　单击数据透视表的列字段标题，如 C4，单击【选项】选项卡下的【域、项目和集】下拉按钮，在下拉菜单中选择【计算项】命令，将会弹出【在"年份"中插入计算字段】对话框，如图 11-62 所示。

步骤 2　在【在"年份"中插入计算字段】对话框的"名称"编辑框内输入"年增量"。将指针定位到"公式"编辑框内，清除默认的"= 0"。

　　单击字段列表框中的"年份"字段，然后在项列表框中，双击"2016"项，然后输入减号"−"，再双击项列表框中的"2015"项，单击【添加】按钮，最后单击【确定】按钮关闭对话框，如图 11-63 所示。

图 11-62　插入计算项

设置完成后，数据透视表中将会新增一个名为"年增量"的字段，其数值就是"2016"项与"2015"项的数值之差，如图 11-64 所示。

图 11-63　设置计算项公式

	A	B	C	D	E
1					
2					
3	求和项:销售额	列标签			
4	行标签	2015	2016	年增量	总计
5	iPad	11065	38065	27000	76130
6	iPhone7		21172	21172	42344
7	MP3	8287	9300	1013	18600
8	Surface Pro 4		13176	13176	26352
9	笔记本	44399	69807	25408	139614
10	金融电子	51875	52969	1094	105938
11	三星手机	46608	63460	16852	126920
12	数码相机	36450	89889	53439	179778
13	台式机	47428	57249	9821	114498
14	通讯产品	9781	51574	41793	103148
15	总计	255893	466661	210768	933322

图 11-64　添加了计算项的数据透视表

此时数据透视表中的行总计默认汇总所有的行项目，包括新添加的"年增量"项，因此汇总结果已没有实际意义，可以选中数据透视表的"总计"列字段标题，单击鼠标右键，在弹出的快捷菜单中单击【删除总计】命令，如图 11-65 所示。

完成后的数据透视表如图 11-66 所示。

图 11-65　删除总计项

	A	B	C	D
1				
2				
3	求和项:销售额	列标签		
4	行标签	2015	2016	年增量
5	iPad	11065	38065	27000
6	iPhone7		21172	21172
7	MP3	8287	9300	1013
8	Surface Pro 4		13176	13176
9	笔记本	44399	69807	25408
10	金融电子	51875	52969	1094
11	三星手机	46608	63460	16852
12	数码相机	36450	89889	53439
13	台式机	47428	57249	9821
14	通讯产品	9781	51574	41793
15	总计	255893	466661	210768

图 11-66　设置完成后的数据透视表

11.12 使用数据透视图展示数据

数据透视图是建立在数据透视表基础上的图表，利用数据透视图中的筛选按钮，能够方便地从不同角度展示数据。

11.12.1 以数据表创建数据透视图

素材所在位置：

光盘：\素材\第 11 章使用数据透视表分析数据\ 11.12.1 以数据表创建数据透视图.xlsx。

图 11-67 所示是某公司销售记录的部分内容，需要以此为数据源，创建数据透视图。

操作步骤如下。

步骤 1 单击数据区域任意单元格，如 A5，单击【插入】选项卡下的【数据透视表】下拉按钮，在下拉菜单中选择【数据透视图】，将会弹出【创建数据透视表及数据透视图】对话框，如图 11-68 所示。

图 11-67 销售记录 　　　图 11-68 插入数据透视图

步骤 2 单击【确定】按钮，将生成一个空白的数据透视表和一个空白的数据透视图，如图 11-69 所示。

图 11-69 生成的空白数据透视表和数据透视图

步骤 3 在【数据透视表字段列表】中添加字段，生成数据透视表和默认类型的数据透视图，如图 11-70 所示。

通过在各个字段的筛选按钮中选择不同的项目，可以从不同角度展示数据变化，如图 11-71 所示。

图 11-70 创建的数据透视图

图 11-71 多角度展示数据的数据透视图

11.12.2 以现有数据透视表创建数据透视图

素材所在位置：

光盘：\素材\第 11 章使用数据透视表分析数据\ 11.12.2 以现有数据透视表创建数据透视图.xlsx。

图 11-72 所示是已经创建完成的数据透视表，需要以该数据透视表为数据源创建数据透视图。

有 2 种方法可以实现。

方法 1 单击数据透视表中任意单元格，如 A6，在【插入】选项卡中单击【柱形图】下拉按钮，在下拉列表中选择簇状柱形图，如图 11-73 所示。

	A	B	C	D	E
1					
2	客户名称	(全部)			
3					
4	求和项:金额	商品名称			
5	日期	空调	洗衣机	净水器	电冰箱
6	5月	323405	534808	463307	824860
7	6月	474144	751925	38312	723424
8	7月	199376	537002	709819	259620
9	总计	996925	1823735	1211438	1807904

图 11-72 数据透视表

图 11-73 插入数据透视图 1

方法 2 单击数据透视表中任意单元格，如 A6，在【选项】选项卡中，单击【数据透视图】按钮，将会弹出【插入图表】对话框，选择一种图表类型，单击【确定】按钮，如图 11-74 所示。

图 11-74　插入数据透视图 2

11.12.3 数据透视图术语

数据透视图不仅具备普通图表的数据系列、分类和坐标轴等元素，还包括报表筛选字段、图例字段和分类轴字段等一些特有的元素，如图 11-75 所示。

图 11-75　数据透视图中的元素

用户可以像处理普通 Excel 图表一样处理数据透视图，包括改变图表类型、设置图表格式等。如果在数据透视图中改变字段布局，与之关联的数据透视表也会同时发生改变。

11.12.4 数据透视图的限制

和普通图表相比，数据透视图存在部分限制，包括不能使用散点图、股价图和气泡图等图表类型。另外，也无法直接调整数据标签、图表标题和坐标轴标题的大小等。

习题11

1. 数据透视表可使用的数据源包括（＿＿＿＿＿＿）、（＿＿＿＿＿＿）、（＿＿＿＿＿＿）和（＿＿＿＿＿＿）等。

2. 修改数据透视表字段名称时，需要注意与（＿＿＿＿＿）名称不能相同，并且（＿＿＿＿＿＿）的字段也不能使用相同的名称。

3. 数据透视表的刷新方式包括（＿＿＿＿＿）和（＿＿＿＿＿）两种方式，如果是使用了外部数据源创建的数据透视表，还可以设置（＿＿＿＿＿）刷新。

4. 在切片器中选择多个项时，需要按（＿＿＿＿＿）键。

以下习题素材所在位置：

光盘：\素材\第 11 章使用数据透视表分析数据\。

5. 根据"作业 11-1.xlsx"提供的数据创建数据透视表，并插入切片器，设置切片器样式为"切片器样式深色 4"，如图 11-76 所示。

6. 根据"作业 11-2.xlsx"提供的数据创建数据透视表，并对日期按年月进行组合，如图 11-77 所示。

	A	B	C	D	E	F	G	H
1	年级	(全部)						
2								
3	成绩	科目					年级	
4	姓名	数学	英语	语文	总计		二年级	
5	谢子秋	71	86	89	246		三年级	
6	叶桐	63	85	85	233		一年级	
7	黄学敏	72	96	64	232			
8	李翠萍	52	82	97	231			
9	赵子明	67	76	81	224			
10	郭靖安	98	50	75	223			
11	吴想	90	72	61	223			
12	郭丽	59	100	50	209			
13	吴铭	61	55	77	193			
14	王学礼	85	50	51	186			
15	钱多多	58	52	60	170			

图 11-76　作业 11-1

	A	B	C	D	E	F	G
1	金额		业务员				
2	年	日期	叶之枫	白云飞	邱文韵	廖文轩	总计
3	2016年	8月	21,698	49,996	27,472	48,665	147,830
4		9月	17,750	43,378	29,695	36,129	126,952
5		10月	28,196	39,585	52,958	16,782	137,521
6		11月	8,930	35,662	14,955	21,860	81,407
7		12月	19,910	37,625	46,185	36,176	139,896
8	2017年	1月	14,690	43,497	38,699	32,350	129,236
9		2月	15,760	31,481	45,082	36,170	128,493
10		3月	31,430	39,244	49,205	35,062	154,941
11		4月	7,222	30,230	26,958	33,102	97,512
12		5月	18,202	67,957	23,644	18,420	128,222
13		6月	7,640	44,070	45,622	11,074	108,406
14		7月	7,800	18,640	15,300	3,265	45,005
15	总计		199,228	481,362	415,774	329,055	1,425,418

图 11-77　作业 11-2

7. 根据"作业 11-3.xlsx"提供的数据创建数据透视表，并对数据透视表的值显示方式进行设置，统计每种商品的销售额占总销售额的百分比，如图 11-78 所示。

	A	B	C	D	E	F	G
1							
2							
3	求和项:销售金额	列标签					
4	行标签	按摩椅	跑步机	微波炉	显示器	液晶电视	总计
5	北京	2.05%	6.53%	1.40%	9.41%	20.14%	39.54%
6	杭州	0.99%	0.00%	1.01%	4.47%	12.54%	19.02%
7	南京	1.13%	6.27%	0.28%	3.70%	6.35%	17.72%
8	上海	0.00%	5.78%	0.44%	2.83%	0.07%	9.13%
9	济南	0.00%	3.21%	0.51%	4.45%	6.42%	14.59%
10	总计	4.18%	21.79%	3.65%	24.86%	45.53%	100.00%

图 11-78　作业 11-3

8. 根据"作业 11-4.xlsx"提供的数据创建数据透视表，并添加计算项，计算实际发生额和预算额的差额，如图 11-79 所示。

9. 根据"作业 11-5.xlsx"提供的数据创建数据透视表，并添加计算字段计算奖金提成，提成比例为 0.8%，如图 11-80 所示。

求和项:金额	列标签		
行标签	实际发生额	预算额	差额
办公用品	16,399.44	15,960.00	439.44
出差费	346,780.68	339,000.00	7,780.68
固定电话费	6,283.37	6,000.00	283.37
过桥过路费	21,547.50	17,700.00	3,847.50
计算机耗材	2,298.22	2,580.00	-281.78
交通工具消耗	36,680.06	33,000.00	3,680.06
手机电话费	39,776.41	36,000.00	3,776.41
总计	469,765.69	450,240.00	19,525.69

图 11-79　作业 11-4

	值	
行标签	订单金额	奖金提成
杨光	350,980.09	2,807.84
张波	265,592.67	2,124.74
李晓云	129,272.25	1,034.18
白雪	166,127.63	1,329.02
孙明明	443,203.68	3,545.63
王小凯	515,284.31	4,122.27
郑博峰	213,442.99	1,707.54
总计	2,083,903.62	16,671.23

图 11-80　作业 11-5

10. 根据"作业 11-6.xlsx"提供的数据创建数据透视图，如图 11-81 所示。

图 11-81　创建数据透视图

第 12 章

数据分析工具的应用

本章主要学习 Excel 数据分析工具的应用。使用"模拟分析"对数据进行假设分析，使用"规划求解"计算利用有限的资源得到最佳的数据效果，使用"分析工具库"对数据进行百分比排名、描述性统计分析、相关分析及回归分析预测等。

12.1　模拟分析

模拟分析又称假设分析，是数据分析中一种不可或缺的重要分析手段。它主要是基于现有的计算模型，在影响最终结果的诸多因素中进行测算与分析，以寻求最接近目标的方案。Excel 作为一款优秀的数据分析软件，提供了多项功能来支持类似的工作，例如模拟运算表、方案管理以及单变量求解工具等。

12.1.1　使用模拟运算表进行假设分析

Excel 中的"模拟运算表"是一种适合用于假设分析的工具，它的主要作用是根据一组变量和已有的计算模型，自动生成另一组数据相对应的运算结果。

示例 12-1　对不同档次的收入人群进行个税状况观察

素材所在位置：

光盘：\素材\第 12 章数据分析工具的应用\示例 12-1 对不同档次的收入人群进行个税状况观察.xlsx。

根据我国目前所实行的个人所得税征收法规，个税起征点为 3 500 元，采用 7 级税率。假定税前计税工资位于 A2 单元格中，金额为 4 760，可以在 B2 单元格输入以下数组公式，按<Ctrl+Shift+Enter>组合键，计算个人所得税。

```
=ROUND(MAX((A2-3500)*{3;10;20;25;30;35;45}%-{0;105;555;1005;2755;5505;13505},0),2)
```

如图 12-1 所示，公式计算结果为 37.8 元。

如果希望通过该个税计算模型，对多个不同档次的收入人群进行个税状况的观察，例如观察计税工资范围在 2 000～20 000 元之间，每 2 000 元为一个分段的个税状况，可以通过以下操作步骤来实现。

	A	B	C
1	税前计税工资	个人所得税	
2	4760	37.8	
3			
4			

图 12-1　计算个人所得税

步骤 1　在 A3 单元格中输入 2 000，在 A4 单元格输入 4 000，选中 A3:A4 单元格区域，向下复制填充至 A12 单元格，形成步长为 2 000 的等差序列。

步骤 2　选中 A2:B12 单元格区域，在【数据】选项卡中依次单击【模拟分析】→【模拟运算表】命令，将会打开【模拟运算表对话框】

步骤 3　在【输入引用列的单元格】编辑框中输入唯一变量所在的单元格地址"$A$2"，单击【确定】按钮完成操作，如图 12-2 所示。

图 12-2　使用模拟运算表假设分析

完成操作后，结果如图 12-3 所示，在 B3:B12 单元格区域中将会自动生成与 A3:A12 中的个税工资相对应的个人所得税金额。

	A	B
1	税前计税工资	个人所得税
2	4760	37.8
3	2000	0
4	4000	15
5	6000	145
6	8000	345
7	10000	745
8	12000	1145
9	14000	1620
10	16000	2120
11	18000	2620
12	20000	3120

图 12-3　模拟运算表计算结果

示例结束

通过示例 12-1 可以发现，使用模拟运算表进行运算分析，需要具备以下几个元素。

1. 运算公式

运算公式是指从已知参数得出最终所需要结果的公式，运算公式的作用在于告知 Excel 如何从参数中得到用户所了解的结果。

2. 变量

变量是指整个模拟运算中所需要调整变化的参数，也是整个运算的重要依据。在【模拟运算表】对话框中【输入引用行的单元格】或【输入引用列的单元格】所指向的单元格，即为变量，该变量必须位于"运算公式"中。

3. 工作区域

工作区域包含变量参数取值的存放位置、运算公式的存放位置以及运算结果的存放位置，例如，示例中的 A2:B12 单元格区域。其中，变量参数取值的存放位置默认位于模拟运算表工作区域的首行或首列，首行为模拟运算表的参数引用行，首列即模拟运算表的参数引用列。

需要说明的是，虽然模拟运算表计算的结果是一种公式，例如=TABLE(,A2)，但是模拟运算表与普通公式并不相同。

1. 公式的参数引用

使用一般公式运算时，需要考虑公式的复制对参数单元格引用的影响，注意行列参数的相对引用或绝对引用等。而使用【模拟运算表】，在输入公式时只需要保证所引用的参数必须包含"变量"所指向的单元格，不需要考虑单元格地址的引用方式问题。

2. 公式的创建和修改

模拟运算表所创建的运算方式与多单元格区域数组公式相似，但多单元格区域数组公式允许对公式进行统一的修改，而模拟运算表中的数组公式不能直接进行修改，需要通过修改首行或首列中的"运算公式"来实现。

3. 运算结果的复制

普通公式所在的单元格，在复制到其他单元格时，会默认保留其中的公式内容。而模拟运算表所生成的公式，在复制到其他单元格后，只保留原有的数值结果，不再含有公式。

4. 公式的自动重算

普通公式的运算方式有"自动重算"和"手动重算"等。当工作表包含大量公式时使用"手动重算"功能可以避免"自动重算"带来的长时间系统消耗。

模拟运算表中的公式运算可以和一般公式隔离开来进行处理，例如，当普通公式采用自动重算的方式时，模拟运算表中的公式依然可以使用手动重算的方式，在【Excel 选项】对话框中，勾选【除模拟运算表外，自动重算】复选框即可，如图 12-4 所示。

12.1.2　通过方案管理器进行多变量假设分析

在对计算模型中"一到两个关键因素的变化对结果的影响"进行分析时，使用模拟运算表非常方便。但是，如果需要同时考虑更多的因素来进行数据分析，模拟运算表就较难满足要求，此时可以使用 Excel 的方案管理器。

Excel

数据处理与分析（微课版）：轻松挖掘数据背后的秘密

> 素材所在位置：
>
> 光盘：\素材\第 12 章数据分析工具的应用\12.1.2 通过方案管理器进行多变
> 量假设分析。

通过方案管理器进行多变量假设分析

以图 12-5 所示数据为例，某公司出口一笔产品，单价为$26.6，数量约为 250，当时汇率为 6.57，在 B4 单元格使用以下公式可以计算出该笔产品的人民币收入。

=B2*B3*B4

图 12-4　设置【除模拟运算表外，自动重算】

图 12-5　计算某产品人民币收入

如果需要预算该产品在多种情况下的交易情况，如不同单价、汇率和出口数量等情况，可以使用方案管理器生成摘要报告，具体操作步骤如下。

步骤 1　依次单击【数据】→【模拟分析】→【方案管理器】，将会弹出【方案管理器】对话框，如图 12-6 所示。

图 12-6　打开【方案管理器】对话框

步骤 2　单击【添加】按钮，在弹出的【添加方案】对话框中，定义方案的各个要素。

（1）【方案名】：当前方案的名称，如"理想情况"。

（2）【可变单元格】：也就是方案中的变量，必须是当前工作表中的单元格引用，被引用的单元格可以是连续的，也可以是不连续的，如 B2:B4。

（3）【备注】：用户可以在此添加方案的说明。默认情况下，Excel 会将方案创建者的名称和创建日期，以及修改者的名称和修改日期保存在此处。

（4）【保护】：当工作簿被保护且【保护工作簿】对话框中的【结构】选项被选中时，此处的设置才会生效。【防止更改】选项可以防止此方案被修改，【隐藏】选项可以使本方案不出现在方案管理器中。

设置完成后，效果如图 12-7 所示。

步骤 3 单击【确定】按钮，设置"理想情况"方案的各变量的值。将 B2 单元格的价格设置为 31.6，B3 单元格的数量设置为 350，B4 单元格对应的汇率设置为 6.8，最后单击【确定】按钮确认操作，如图 12-8 所示。

图 12-7 设置方案数据

图 12-8 设置各变量的值

步骤 4 重复步骤 2～步骤 3，添加另外两个方案，即保守情况和最差情况，具体变量设置分别如图 12-9 所示。

设置完成后，在【方案管理器】对话框中会显示已创建方案的列表，如图 12-10 所示。

图 12-9 保守情况和最差情况的变量参数

图 12-10 已创建的方案列表

步骤 5 在【方案管理器】中单击【摘要】按钮，将会弹出【摘要】显示对话框。在【报表类型】中选择【方案摘要】选项，然后在【结果单元格】编辑栏中输入需要显示结果数据的单元格区域，例如此例中的 B5 单元格，最后单击【确定】按钮，如图 12-11 所示。

此时，Excel 会在当前工作簿中自动插入一个新的名称为"方案摘要"的工作表，并在其中显示摘要结果，如图 12-12 所示。

图 12-11 设置【摘要】的显示结果　　　　　　图 12-12 方案摘要报告

12.1.3 | 单变量求解

Excel 的单变量求解工具常用于逆向模拟分析，如已知税后工资，倒推税前工资等。在使用单变量求解工具之前需要先建立正确的数学模型，这个数据模型通常与正向模拟分析时的模型相同。

示例 12-2　个税反向查询

素材所在位置：

光盘：\素材\第 12 章数据分析工具的应用\示例 12-2 个税反向查询.xlsx。

如图 12-13 所示，A2 单元格为税前计税工资，目前未确定具体金额。在 B2 单元格中输入以下数组公式，按<Ctrl+Shift+Enter>组合键，可以计算出税后工资。

	A	B	C
1	税前计税工资	税后工资	
2		0	
3			

=A2-ROUND(MAX((A2-3500)*{3;10;20;25;30;35;45}%-{0;105;555;1005;2755;5505;13505},0),2)

该公式用税前计税工资减去个人所得税即为税后工资。

图 12-13 计算税后工资

现在假设有某员工税后收入是 8 051 元，需要计算实际收入（税前计税工资），可以使用以下步骤完成。

步骤 1　选中 B2 单元格，依次单击【数据】→【模拟分析】→【单变量求解】命令，打开【单变量求解】对话框。在对话框中设置相应的参数，其中【目标单元格】为 B2，【目标值】为 8 051，【可变单元格】为$A$2，如图 12-14 所示。

图 12-14 设置【单变量求解】

步骤2 设置完成后，单击【确定】按钮，即可得出该员工实际收入金额，显示运算结果，如图 12-15 所示。

图 12-15　单变量求解的计算结果

示例结束

并非所有的逆向求解问题都能通过单变量求解工具得到解答，如方程式 $X^2=-1$。在这种情况下，【单变量求解状态】对话框会告知用户无解，如图 12-16 所示。

当单变量求解正在根据用户的设置进行计算时，【单变量求解状态】对话框上会动态显示"在进行第 N 次迭代计算"。事实上，单变量求解正是通过反复的迭代计算来得到最终结果的。如果增加 Excel 允许的最大迭代计算次数，可以使每次求解进行更多的计算，以获得更多的机会求出精确结果。

图 12-16　无解的单变量求解状态

依次单击【文件】→【选项】，打开【Excel 选项】对话框，单击【公式】选项卡，在【最多迭代次数】框里输入一个数值，该数值必须介于 1～32 767 之间，最后单击【确定】按钮，如图 12-17 所示。

图 12-17　设置迭代计算次数

12.2 规划求解

在生产管理和经营决策过程中，经常会遇到一些规划问题。例如，生产的组织安排、原料的恰当搭配等。通过制作规划模型，使用 Excel 的规划求解功能，可以计算如何合理的利用有限的资源得到最佳的经济效益。

12.2.1 在 Excel 中安装规划求解工具

"规划求解"工具是一个 Excel 加载宏，在默认安装的 Excel 2010 中需要加载后才能使用，加载该工具可以参照如下操作步骤。

步骤 1 依次单击【文件】→【选项】命令按钮，在弹出的【Excel 选项】对话框中单击【加载项】选项卡，在右下方【管理】下拉列表中选择【Excel 加载项】，并单击【转到】按钮。

步骤 2 在弹出的【加载宏】对话框中勾选【规划求解加载项】复选框，单击【确定】按钮完成操作。如图 12-18 所示。

完成上述操作步骤后，在 Excel 功能区的【数据】选项卡中会显示【规划求解】命令按钮，如图 12-19 所示。

图 12-18　加载【规划求解加载项】　　　　　　图 12-19　【规划求解】命令按钮

12.2.2　求解最佳数字组合

在财务或工程决策方面的工作中，经常会遇到挑选最佳数字组合的问题，规划求解可以很方便地解决此类问题。

求解最佳数字组合

示例 12-3　求解最佳数字组合

素材所在位置：

光盘：\素材\第 12 章数据分析工具的应用\示例 12-3 求解最佳数字组合.xlsx。

图 12-20 所示为某公司财务人员所收取的发票信息记录簿，其中 A 列为发票号，B 列为发票金额，现在该公司有一笔金额为 800.55 元进账，要求计算出该金额可能由 A 列哪几张发票的金额构成。

可以使用以下步骤操作处理。

步骤 1 增加一列辅助列 C2:C16，用来表示哪些发票号被选中。如果被选中就在单元格填上数字 1，未被选中则填上数字 0。在用户无法预知哪些发票号被选中的情况下，可以先全部填写为 0。在 E2 单元格中输入以下公式，计算被选中的发票号金额，如图 12-21 所示。

`=SUMPRODUCT((B2:B16*C2:C16))`

	A	B
1	发票号	发票金额
2	166384	350.68
3	159348	102.31
4	149955	409.8
5	117124	242.37
6	138372	401.14
7	146997	355.61
8	180005	180.65
9	175334	426.43
10	147581	487.46
11	134773	463.1
12	114635	216.75
13	167884	172.85
14	152200	295.03
15	193305	269.22
16	117539	338.2

图 12-20　某公司发票记录簿

	A	B	C	D	E
1	发票号	发票金额	是否选中		收款金额
2	166384	350.68			0
3	159348	102.31	0		
4	149955	409.8	0		
5	117124	242.37	0		
6	138372	401.14	0		
7	146997	355.61	0		
8	180005	180.65	0		
9	175334	426.43	0		
10	147581	487.46	0		
11	134773	463.1	0		
12	114635	216.75	0		
13	167884	172.85	0		
14	152200	295.03	0		
15	193305	269.22	0		
16	117539	338.2	0		

图 12-21　设置参数区域

步骤 2 依次单击【数据】→【规划求解】命令按钮，打开【规划求解参数】对话框，设置相关参数。

（1）【设置目标】：E2 单元格，即求和公式所在单元格。

（2）【目标值】：设置为 800.55，即已知收款金额。

（3）【通过更改可变单元格】：设置为 C2:C16 单元格区域，即用户设定的模拟数据区域。

（4）【求解方法】：设置为单纯线性规划。

具体如图 12-22 所示。

图 12-22 设置规划求解参数

步骤 3 单击【添加】按钮，打开【添加约束】对话框，进行约束条件的添加。本例中所包含的约束条件是：$C2:$C16=二进制，二进制数表示可变区域只会出现 0 和 1 两种情况。

步骤 4 单击【求解】按钮开始求解运算过程，一段时间后，

图 12-23 添加约束条件

Excel 将显示计算结果，其中 C 列数值显示为数字 1 的，即为目标金额的构成发票组合，如图 12-24 所示。

图 12-24 规划求解结果

示例结束

12.3 分析工具库

"分析工具库"工具是一个 Excel 加载宏，在默认安装的 Excel 2010 中需要加载后才能使用。

12.3.1 安装分析工具库

加载该工具可以参照如下操作步骤。

依次单击【文件】→【选项】命令，打开【Excel 选项】对话框。在对话框中选择【加载项】功能区，单击【转到】按钮，在【加载宏】对话框中勾选【分析工具库】复选框，最后单击【确定】按钮，如图 12-25 所示。

完成安装后，在【数据】选项卡下【分析】命令组中将出现一个【数据分析】的命令，如图 12-26 所示。

图 12-25 加载"分析工具库"

图 12-26 分析工具库命令按钮

12.3.2 百分比排名

百分比排名可以反映数据在整体所处的地位。例如，A 的成绩在 151 人中排第 23 名，如果使用百分比排名可以描述为 A 的成绩高于 85.33% 的人员，这种描述方式可以更加直观地反映出数据自身的水平。

示例 12-4 对学员成绩进行百分比排名

素材所在位置：

光盘：\素材\第 12 章数据分析工具的应用\示例 12-4 对学员成绩进行百分比排名.xlsx。

图 12-27 所示为某班学生的考试成绩表，需要使用数据分析工具快速完成百分比排名。

可以按以下步骤操作。

步骤 1 依次单击【数据】→【数据分析】命令按钮，在打开的【数据分析】对话框中选择【排位和百分比排位】，单击【确定】按钮，如图 12-28 所示。

	A	B
1	学生	成绩
2	祝生	70
3	杨艳梅	90
4	张贵金	59
5	李平	62
6	解德培	86
7	张晓祥	56
8	白雪花	57
9	杨为民	93
10	杨正祥	87
11	杨开文	49
12	高明阳	66
13	李红	48
14	赵坤	34
15	宋杨	69
16	周志红	91

图 12-27 学生成绩表

图 12-28 打开【数据分析】对话框

步骤2 在【排位和百分比排位】对话框中设置相关参数，如下。

（1）【数据区域】：选择 B1:B16。

（2）【分组方式】：默认选择列。

（3）【标志位于第一行】复选框：本例包含标题行，因而勾选此选项。

（4）【输出选项】：选择【输出区域】，并在选择输入框中输入 D1，以此作为输出结果的存放位置，如图 12-29 所示。

图 12-29 【排位和百分比排位】对话框

步骤3 单击【确定】按钮，生成百分比排位结果，如图 12-30 所示。

步骤4 分析结果未能输出学员姓名，但可以通过 INDEX 函数按照"点"列的索引补充学员信息。

在 C2 单元格中输入公式：=INDEX(A:A,D2+1)，复制到 C16 单元格，隐藏 D 列"点"列。调整格式后的结果如图 12-31 所示。

	A	B		C	D	E	F	G
1	学生	成绩			点	成绩	排位	百分比
2	祝生	70			8	93	1	100.00%
3	杨艳梅	90			15	91	2	92.80%
4	张贵金	59			2	90	3	85.70%
5	李平	62			9	87	4	78.50%
6	解德培	86			5	86	5	71.40%
7	张晓祥	56			1	70	6	64.20%
8	白雪花	57			14	69	7	57.10%
9	杨为民	93			11	66	8	50.00%
10	杨正祥	87			4	62	9	42.80%
11	杨开文	49			3	59	10	35.70%
12	高明阳	66			7	57	11	28.50%
13	李红	48			6	56	12	21.40%
14	赵坤	34			10	49	13	14.20%
15	宋杨	69			12	48	14	7.10%
16	周志红	91			13	34	15	0.00%

图 12-30 百分比排位结果

	C	E	F	G
1	学生	成绩	排位	百分比
2	杨为民	93	1	100.00%
3	周志红	91	2	92.80%
4	杨艳梅	90	3	85.70%
5	杨正祥	87	4	78.50%
6	解德培	86	5	71.40%
7	祝生	70	6	64.20%
8	宋杨	69	7	57.10%
9	高明阳	66	8	50.00%
10	李平	62	9	42.80%
11	张贵金	59	10	35.70%
12	白雪花	57	11	28.50%
13	张晓祥	56	12	21.40%
14	杨开文	49	13	14.20%
15	李红	48	14	7.10%
16	赵坤	34	15	0.00%

图 12-31 整理后的百分比排名

示例结束

12.3.3 描述统计

在统计学中，描述统计是通过图表或其他统计方法对数据进行整理、分析，并对数据的分布状态、数字特征以及随机变量之间关系进行估计和描述的方法。描述统计分为集中趋势分析、离中趋势分析和相关分析3大部分。Excel 的【分析工具库】中的【描述统计】功能可以帮助用户呈现数据的集中趋势、差异性和分布状态等。

示例 12-5 使用描述统计分析品牌的基本情况

素材所在位置：

光盘:\素材\第12章数据分析工具的应用\示例 12-5 使用描述统计分析品牌的基本情况.xlsx。

图 12-32 所示为某公司 3 个产品一年的销售数据，可以通过描述统计功能分析各个产品的基本情况，操作步骤如下。

	A	B	C	D	E	F	G	H	I	J	K	L	M
1	产品	1月	2月	3月	4月	5月	6月	7月	8月	9月	10月	11月	12月
2	产品A	40.66	35.12	49.80	42.34	32.06	41.02	39.39	44.17	47.41	49.97	34.05	42.98
3	产品B	21.39	22.65	31.20	32.32	52.52	58.72	56.96	67.15	60.35	41.05	34.40	31.63
4	产品C	9.26	30.00	69.33	70.13	50.08	84.79	41.23	58.33	42.01	31.67	20.00	10.00

图 12-32 产品销售数据

步骤 1 依次单击【数据】→【数据分析】命令按钮，在打开的【数据分析】对话框中选择【描述统计】，单击【确定】按钮。

步骤 2 在【描述统计】对话框中设置相关参数，如下。

（1）【输入区域】：选择 A2:M4。

（2）【分组方式】：指定输入数据是以行还是以列的方式排列。本例中使用逐行。

（3）【标志位于第一列】复选框：本例包含标题列，因而勾选此选项。

（4）【输出选项】：选择【输出区域】，并在选择输入框中输入 N1，以此作为输出结果的存放位置。

（5）【汇总统计】复选框：若勾选此复选框，则显示描述统计结果，否则不显示结果。本例勾选此项。

（6）【平均数置信度】复选框：若勾选此复选框，则输出包含均值的置信度。本例键入默认值 95，表明要计算在显著性水平为 5%时的均值置信度。

（7）【第 K 大值】复选框：根据需要指定要输出数据中的第几个最大值。本例只需要得到最大值，故不勾选此项。

（8）【第 K 小值】复选框：根据需要指定要输出数据中的第几个最小值。本例只需要得到最小值，故不勾选此项。

输入有关参数的【描述统计】对话框，如图 12-33 所示。

步骤 3 单击【确定】按钮，Excel 将描述统计结果存放在当前工作表以 N1 单元格为左上角的单元格区域中，如图 12-34 所示。

图 12-33 【描述统计】对话框

	N	O	P	Q	R	S
1	产品A		产品B		产品C	
3	平均	41.58083333	平均	42.52833333	平均	43.06916667
4	标准误差	1.688225919	标准误差	4.569051164	标准误差	7.027358491
5	中位数	41.68	中位数	37.725	中位数	41.62
6	众数	#N/A	众数	#N/A	众数	#N/A
7	标准差	5.848186134	标准差	15.82765752	标准差	24.3434839
8	方差	34.20128106	方差	250.5147424	方差	592.6052083
9	峰度	-0.811054655	峰度	-1.542384045	峰度	-0.923801422
10	偏度	-0.112916406	偏度	0.19761174	偏度	0.17875587
11	区域	17.91	区域	45.76	区域	75.53
12	最小值	32.06	最小值	21.39	最小值	9.26
13	最大值	49.97	最大值	67.15	最大值	84.79
14	求和	498.97	求和	510.34	求和	516.83
15	观测数	12	观测数	12	观测数	12
16	置信度(95.0%)	3.715760196	置信度(95.0%)	10.05641381	置信度(95.0%)	15.46711175

图 12-34 描述统计结果

图 12-34 所示的各项指标其含义如下。

表现数据集中趋势的指标为平均值、中位数和众数等。平均值是 N 个数相加除以 N 得到的结果；中位数是一组数据按大小排序后，排在中间位置的数值；众数是一组数据中出现次数最多的数值。

表现数据离散程度的指标为方差与标准差，它们反映了与平均值之间的离散程度。

表现数据分布形状的指标为峰度系数和偏度系数。

其中，峰度系数是相对于正态分布而言，描述对称分布曲线峰顶尖峭程度的指标。峰度系数大于零，则两侧极端数据较少，峰度系数小于零，则两侧极端数据较多。

偏度系数是以正态分布为标准来描述数据对称性的指标。偏度系数等于零，则数据分布对称。偏度系数大于零，则为正偏态分布，偏度系数小于零，则为负偏态分布。偏度系数大于 1 或者小于−1，被称为高度偏态分布，偏度系数在 0.5～1 或−0.5～−1 范围内，被称为中等偏态分布。

示例结束

12.3.4 直方图分析

通过描述统计可以从数据的角度了解变量的分布状态，但数据并不直观。图形可以更加直接地展示变量的分布情况，使峰度和偏度等一目了然，还可以判断数据是正偏态分布还是负偏态分布。

"直方图"是用于展示数据的分组分布状态的一种图形，它用矩形的宽度和高度表示频数分布，通常用横轴表示数据分组，纵轴表示频数，各组数据与相应的频数形成矩形。通过直方图，用户可以很直观地看出数据分布的形状、中心位置以及数据的离散程度等。

示例 12-6 直方图分析学生成绩分布情况

素材所在位置：

光盘：\素材\第 12 章数据分析工具的应用\示例 12-6 直方图分析学生成绩分布情况.xlsx。

图 12-35 所示为某班学生英语成绩表的部分数据，如果需要使用"直方图"来更加直观地分析学生成绩的分布情况，可以按以下步骤操作。

步骤1 在 D 列设置分段区间，本例设置为 40、60、80 和 90，如图 12-36 所示。

	A	B
1	学生	成绩
2	刘勇	19
3	林效先	89
4	陈萍	83
5	李春燕	29
6	祝生	54
7	杨艳梅	82
8	张贵金	39
9	李平	44
10	解德培	69
11	张晓祥	82
12	白雪花	31
13	杨为民	32
14	杨正祥	46

图 12-35 英语成绩表

	A	B	C	D
1	学生	成绩		分段点
2	刘勇	19		40
3	林效先	89		60
4	陈萍	83		80
5	李春燕	29		90
6	祝生	54		
7	杨艳梅	82		
8	张贵金	39		
9	李平	44		
10	解德培	69		
11	张晓祥	82		
12	白雪花	31		
13	杨为民	32		
14	杨正祥	46		

图 12-36 设置分段区间

步骤2 依次单击【数据】→【数据分析】命令按钮，在打开的【数据分析】对话框中选择【直方图】，单击【确定】按钮。

步骤3 在【直方图】对话框中设置相关参数。

（1）【输入区域】：选择数据区域 B1:B128。

（2）【接收区域】：选择组距数据，即分段区间所在区域 D1:D5。

（3）【标志】复选框：本例包含标题行，因而勾选此选项。

（4）【输出选项】：选择【输出区域】，并在选择输入框中输入 F1，以此作为输出结果的存放位置。

（5）【柏拉图】复选框：若勾选此复选框，则在输出表中将按频率的降序来显示数据；若不勾选，则会按照组距排列顺序来显示数据。此选项只有在勾选【图表输出】之后才会产生效果。

（6）【累计百分率】复选框：若勾选此复选框，在输出表中将生成一列累计百分比值，并在直方图中生成一条累计百分比折线。

（7）【图表输出】复选框：若勾选此复选框，在输出表中将生成直方图。本例勾选此项。

设置完参数的对话框如图 12-37 所示。

图 12-37　直方图对话框

步骤 4　单击【确定】按钮，生成输入表和直方图。调整输出表临界点数据，分别设置为 0～40、40～60、60～80、80～90 和 90 以上，如图 12-38 所示。

图 12-38　直方图输出结果

通过直方图的展示，用户可以很直观地看出该班学生的英语成绩的分布情况，相对集中分布于 0～40 分之间。

示例结束

12.3.5 | 相关分析

在日常数据分析工作中，用户不仅需要描述数据本身呈现出来的基本特征，还需要进一步挖掘变量之间的深层次关系，主要有相关关系和回归关系等。

相关关系是指变量之间存在的非严格的、不确定的依存关系，例如产品销售收入和广告费用之间的关系。回归关系是指变量之间存在依存因果关系，这种依存关系可以用一个数学表达式反映出来。例如，一定条件下，身高和体重的关系。

相关分析是研究两个或两个以上随机变量之间相互依存关系的方向和密切程度的方法，其中直线相关用相关系数表示，曲线相关用相关指数表示，多重相关用复相关系数表示。

相关系数是反映变量之间线性相关强度的一个度量指标，通常用 r 表示，它的取值范围是[-1,1]。当 r 大于 0 时表示线性正相关，当 r 小于 0 时表示线性负相关，当 r=0 时表示变量之间不存在线性关系。当 r 大于 0 并小于 0.3 时表示低度相关，大于 0.3 并小于 0.8 表示中度相关，大于 0.8 则表示高度相关。

在 Excel 中计算变量之间的相关系数除了可以使用 CORREL 函数外，也可以使用"分析工具库"中的"相关系数"分析工具。

示例 12-7　分析某公司销售额和推广费用之间的相关性

素材所在位置：

光盘：\素材\第 12 章数据分析工具的应用\示例 12-7 分析某公司销售额和推广费用之间的相关性.xlsx。

图 12-39 所示为某公司 2016 年度的销售数据表，需要分析"销售额"和"推广费用"两个变量之间的相关关系。

步骤 1　依次单击【数据】→【数据分析】命令按钮，在打开的【数据分析】对话框中选择【相关系数】，并单击【确定】按钮。

步骤 2　在弹出的【相关系数】对话框中，设置各类参数。

（1）【输入区域】：本例数据源区域为 B1:C13。

（2）【分组方式】：本例选择【逐列】。

（3）【标志位于第一行】：本例含有标题行，勾选此项。

（4）【输出选项】：选择【输出区域】，并在选择输入框中输入 E1，以此作为输出结果的存放位置。

设置结果如图 12-40 所示。

	A	B	C
1	时间	销售额	推广费用
2	2016/1/1	10526	2013
3	2016/2/1	11380	2372
4	2016/3/1	12142	2622
5	2016/4/1	13849	3096
6	2016/5/1	14753	3470
7	2016/6/1	16276	3964
8	2016/7/1	17027	4274
9	2016/8/1	18657	4649
10	2016/9/1	20020	5000
11	2016/10/1	21066	5240
12	2016/11/1	22788	5598
13	2016/12/1	23362	6095

图 12-39　销售数据表

图 12-40　相关系数对话框

步骤 3　单击【确定】按钮，得到相关系数分析结果，如图 12-41 所示。

	A	B	C	D	E	F	G
1	时间	销售额	推广费用			销售额	推广费用
2	2016/1/1	10526	2013		销售额	1	
3	2016/2/1	11380	2372		推广费用	0.996576	1
4	2016/3/1	12142	2622				
5	2016/4/1	13849	3096				
6	2016/5/1	14753	3470				
7	2016/6/1	16276	3964				
8	2016/7/1	17027	4274				
9	2016/8/1	18657	4649				
10	2016/9/1	20020	5000				
11	2016/10/1	21066	5240				
12	2016/11/1	22788	5598				
13	2016/12/1	23362	6095				

图 12-41　输出相关系数分析结果

如图 12-41 所示，数据项目的行列交叉处就是其相关系数。变量自身是完全相关的，因此相关系数显示为 1；两组数据的相关系数在矩阵上有两个位置，是重复关系，因此右上角的位置不显示相关系数。"销售额"和"推广费用"之间的相关系数为 0.995，属于高度相关。

示例结束

12.3.6 | 回归分析

回归是研究自变量和因变量之间关系形式的分析方法，主要通过建立因变量 Y 与影响它的自变量 X 之间的回归模型，来预测因变量 Y 的发展趋势。

通过数据间的相关性，用户可以构建回归模型，预测数据未来的发展趋势。例如，销售额对推广费用有依存关系，用户可以通过对依存关系的分析，在已确定下一期推广费用的条件下，预测下一期的销售额。

回归模型主要包括线性回归和非线性回归 2 种。简单的线性回归也称为一元线性回归，也就是回归模型中只含有一个自变量。它的回归模型为：

$$Y = a + bX + \varepsilon$$

其中，Y 为因变量，X 为自变量，a 为常数项，b 为回归系数，ε 为随机误差，即随机因素对因变量所产生的影响。

示例 12-8　预测某公司下月销售额

素材所在位置：
光盘：\素材\第 12 章数据分析工具的应用\示例 12-8 预测某公司下月销售额.xlsx。

图 12-42 所示为某公司 2016 年度的销售数据表，通过绘制散点图并添加趋势线可以发现推广费用和销售额之间存在线性关系。

图 12-42　销售数据表

选中图表中的趋势线，打开【设置趋势线格式】对话框，勾选【显示公式】和【显示 R 平方值】，单击【关闭】按钮确认操作，如图 12-43 所示。

此时，图表上显示拟合曲线方程为：y = 3.3008x + 3509.1，$R^2 = 0.9932$，如图 12-44 所示。

R 平方值非常接近于 1，说明拟合效果很好，但最终确认回归模型还需要参数的检验。进行完整的建模仍然需要借助"数据分析工具"中的"回归分析"来完成。

步骤 1　依次单击【数据】→【数据分析】命令按钮，在打开的【数据分析】对话框中选择【回归】，并单击【确定】按钮。

步骤 2　在弹出的【相关系数】对话框中，设置各类参数。

（1）【Y 值输入区域】因变量的数据区域，本例中选择 B1:B13 单元格区域。

（2）【X 值输入区域】自变量的数据区域，本例中选择 C1:C13 单元格区域。

图 12-43 【设置趋势线格式】对话框

图 12-44 拟合曲线方程

（3）【标志】本例中数据区域包含标题行，勾选此项。

（4）【常数为零】表示该模型属于严格的正比例模型，本例不勾选此项。

（5）【置信度】本例勾选此项，并输入"95%"。

（6）【输出区域】本例将结果输出到当前工作表的 F1 单元格。

（7）【残差】指观测值和预测值（拟合值）之间的差，也称剩余，本例勾选此项。

（8）【标准残差】指（残差–残差的均值）/残差的标准差，本例勾选此项。

（9）【残差图】以回归模型的自变量为横坐标，以残差为纵坐标绘制散点图。若绘制的点都在以 0 为横轴的直线上下随机散布，则表示拟合结果合理，否则需要重新建模。本例勾选此项。

（10）【线性拟合图】以回归模型的自变量为横坐标，以因变量及预测值为纵坐标绘制的散点图，本例勾选此项。

（11）【正态概率图】以因变量的百分位排名为横坐标，以因变量作为纵坐标绘制的散点图。本例勾选此项。

图 12-45 设置回归对话框

步骤3 单击【确定】按钮，结果如图 12-46 所示。

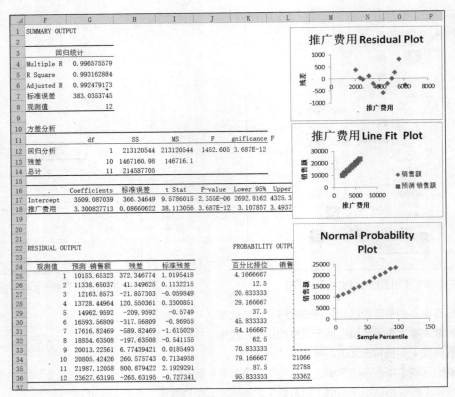

图 12-46　输出回归分析结果

　　回归统计表是用于衡量因变量 Y 和自变量 X 之间相关程度的大小，以及检验样本数据点聚集在回归直线周围的密集程度。用户可以从中评价回归模型对样本数据的代表程度，即回归模型的拟合效果。

　　Multiple R：因变量 Y 和自变量 X 之间的相关系数绝对值（本例 R=0.996），说明销售额和推广费用高度相关。

　　R Square：即判定系数 R²，越接近 1，表示回归模型的拟合效果越好。本例 R²=0.993。

　　方差分析表的主要作用是通过 F 检验来判断回归模型的回归效果，检验因变量与所有自变量之间的线性关系是否显著，用线性模型来描述它们之间的关系是否恰当。

　　F：F 统计量，用于衡量变量间线性关系是否显著，本例中 F= 1 452.6。

　　Significance F：统计学中的 P 值，即显著性水平 α（常用取值 0.01 或 0.05）下的 F 临界值。用户可以以此来衡量检验结果是否具有显著性，如果 0.01<P 值≤0.05，则结果具有显著的统计学意义，如果 P 值≤0.01，则结果具有极其显著的统计学意义。

　　回归系数表主要用于回归模型的描述和回归系数的显著性检验。回归系数的显著性检验研究回归模型中的每个自变量与因变量之间是否存在显著的线性关系，也就是研究自变量能否有效地解释因变量的线性变化。

　　在回归系数表中，第一列的 Intercept 和推广费用，分别为回归模型中的 a、b，第二列是 a 和 b 的值，据此可以写出回归模型，用户得到销售额和推广费用的简单线性回归模型为：

$$Y=3.3X+3509.087$$

　　应用此模型进行预测，如果下月推广费用增至 7 000 元，将 7 000 作为自变量 X 代入上述回归方程中，就可以预测到下月相应的销售额为 26 609.087 元。

示例结束

习题12

1. 假设购物狂小明有 1 000 块钱，现在，他会将该笔钱一分不剩全部花掉，同时在图 12-47 所示的产品清单中，每样产品小明必须至少购买一件，那么小明需要每样产品各购买几件？

2. 图 12-48 所示为某公司 1~11 月份的销售数据，请根据目前的数据，预测该公司 12 月份的销售额。

	A	B
1	产品	单价	购买件数
2	产品A	10	
3	产品B	15	
4	产品C	8	
5	产品D	22	
6	产品F	35	
7	产品G	19	
8	产品H	9	

图 12-47　产品清单表

	A	B
1	时间	销售额
2	1	4463
3	2	4735
4	3	4896
5	4	5108
6	5	5224
7	6	5396
8	7	5594
9	8	5991
10	9	6062
11	10	6480
12	11	6820
13	12	?

图 12-48　销售数据表

第 13 章

数据可视化

　　数据分析的结果需要选择合适的展示方式，使用专业美观的表格以及合适的图表可以使数据更加形象、直观。本章主要讲解 Excel 数据可视化的两个主要功能：图表和条件格式的应用。

条件格式

13.1 条件格式

条件格式可以根据用户所设定的条件,对单元格中的数据进行判别,符合条件的单元格可以用特殊定义的格式来显示。

每个单元格中都可以添加多种不同的条件判断和相应的显示格式,通过这些规则的组合,可以让表格自动标识需要查询的特征数据,让表格具备智能定时提醒功能,并能通过颜色和图标等方式来展现数据的分布情况等。在某种程度上,通过条件格式可以实现数据的可视化。

【条件格式】命令按钮位于【开始】选项卡的【样式】命令组中,如图 13-1 所示。

图 13-1 【条件格式】命令按钮

13.1.1 基于各类特征设置条件格式

Excel 内置了多种基于特征值设置的条件格式,例如可以按大于、小于、日期和重复值等特征突出显示单元格,也可以按大于或小于前 10 项、高于或低于平均值等项目要求突出显示单元格。

Excel 内置了 7 种"突出显示单元格"规则,如表 13-1 所示。

表 13-1　　　　　　　　　　Excel 内置的 7 种"突出显示单元格规则"

显示规则	说明
大于	为大于设定值的单元格设置指定的单元格格式
小于	为小于设定值的单元格设置指定的单元格格式
介于	为介于设定值之间的单元格设置指定的单元格格式
等于	为等于设定值的单元格设置指定的单元格格式
文本包含	为包含设定文本的单元格设置指定的单元格格式
发生日期	为包含设定发生日期的单元格设置指定的单元格格式
重复值	为重复值或唯一值的单元格设置指定的单元格格式

示例 13-1　标记重复值

素材所在位置:

光盘:\素材\第 13 章数据可视化\示例 13-1 标记重复值.xlsx。

图 13-2 所示为某公司产品销售记录,现要求标识出"销售人员"字段下重复出现的人员姓名。

选中 C2:C13 单元格区域,在【开始】选项卡中依次单击【条件格式】→【突出显示单元格规则】→【重复值】,在打开的【重复值】对话框左侧的下拉列表中选择"重复"选项,在右侧下拉列表中选择或设置所需的格式,如"浅红填充色深红色文本",最后

	A	B	C	D
1	销售日期	产品型号	销售人员	销售数量
2	2016/6/24	EH2016086732	祝忠	28
3	2016/7/3	EH2016066568	郭建	37
4	2016/7/6	EH2016054399	周麟	16
5	2016/7/8	EH2016018601	王奭	90
6	2016/7/12	EH2016076853	许勇敦	14
7	2016/7/15	EH2016055655	祝忠	62
8	2016/7/21	EH2016099253	徐小明	58
9	2016/7/24	EH2016053306	李安欢	25
10	2016/8/4	EH2016021239	苏清和	130
11	2016/8/11	EH2016031148	杨伟	50
12	2016/9/2	EH2016010544	徐小明	84
13	2016/9/11	EH2016080352	高超	31

图 13-2 产品销售记录表

单击【确定】按钮，如图 13-3 所示。

图 13-3　标识重复值

完成设置后的效果如图 13-4 所示。

	A	B	C	D
1	销售日期	产品型号	销售人员	销售数量
2	2016/6/24	EH2016086732	祝忠	28
3	2016/7/3	EH2016066568	郭建	37
4	2016/7/6	EH2016054399	周麟	16
5	2016/7/8	EH2016018601	王爽	90
6	2016/7/12	EH2016076853	许勇敢	14
7	2016/7/15	EH2016055655	祝忠	62
8	2016/7/21	EH2016099253	徐小明	58
9	2016/7/24	EH2016053306	李安欢	25
10	2016/8/4	EH2016021239	苏清和	130
11	2016/8/11	EH2016031148	杨伟	50
12	2016/9/2	EH2016010544	徐小明	84
13	2016/9/11	EH2016080352	高超	31

图 13-4　标识出重复出现的人员姓名

示例结束

另外，Excel 内置了 6 种"项目选取规则"，如表 13-2 所示。

表 13-2　　　　　　　　　　　　　Excel 内置的 6 种"项目选取规则"

显示规则	说明
值最大的 10 项	为值最大的 n 项单元格设置指定的单元格格式，其中 n 的值由用户指定
值最大的 10%项	为值最大的 $n\%$ 项单元格设置指定的单元格格式，其中 n 的值由用户指定
值最小的 10 项	为值最小的 n 项单元格设置指定的单元格格式，其中 n 的值由用户指定
值最小的 10%项	为值最小的 $n\%$ 项单元格设置指定的单元格格式，其中 n 的值由用户指定
高于平均值	为高于平均值的单元格设置指定的单元格格式
低于平均值	为低于平均值的单元格设置指定的单元格格式

示例 13-2　标识销售数量前 3 名的记录

素材所在位置：

光盘：\素材\第 13 章数据可视化\示例 13-2 标识销售数量前 3 名的记录.xlsx。

仍以图 13-2 所示的产品销售记录表为例，现要求标识出销售数量前 3 名的记录。

选中 D2:D13 单元格区域，在【开始】选项卡中依次单击【条件格式】→【项目选取规则】→【值最大 10 项】，在打开的对话框中，在左侧的数值调节框中将数值大小设置为 "3"，在右侧下拉列表中选择或设置所需的格式，例如 "浅红填充色深红色文本"，最后单击【确定】按钮确认操作，如图 13-5 所示。

完成效果如图 13-6 所示。

图 13-5　值最大的 *n* 项

	A	B	C	D
1	销售日期	产品型号	销售人员	销售数量
2	2016/6/24	EH2016086732	祝忠	28
3	2016/7/3	EH2016066568	郭建	37
4	2016/7/6	EH2016054399	周麟	16
5	2016/7/8	EH2016018601	王爽	90
6	2016/7/12	EH2016076853	许勇敢	14
7	2016/7/15	EH2016055655	祝忠	62
8	2016/7/21	EH2016099253	徐小明	58
9	2016/7/24	EH2016053306	李安欢	25
10	2016/8/4	EH2016021239	苏清和	130
11	2016/8/11	EH2016031148	杨伟	50
12	2016/9/2	EH2016010544	徐小明	84
13	2016/9/11	EH2016080352	高超	31

图 13-6　标识出销售数量最大的 3 项

示例结束

13.1.2 自定义规则的应用

除了内置的条件规则，用户还可以通过自定义规则和显示效果的方式创建条件格式。例如，将日期时间函数和条件格式相结合，可以在表格中设计自动化的预警或到期提醒功能，适用于众多项目管理、日程管理类场合。

示例 13-3　设计到期提醒和预警

素材所在位置：

光盘：\素材\第 13 章数据可视化\示例 13-3 设计到期提醒和预警.xlsx。

图 13-7 所示为某公司的项目进度计划安排表，每个项目都有启动时间和计划中的截止日期。现要求根据系统当前日期，在每个项目截止日期前一周开始自动高亮警示。

步骤 1　选中 A2:D13 单元格区域，以 A2 单元格为当前活动单元格。在【开始】选项卡中依次单击【条件格式】→【新建规则】，打开【新建格式规则】对话框。

步骤 2　在【选择规则类型】列表中选取【使用公式确定要设置格式的单元格】，在下方的编辑栏中输入以下公式，如图 13-8 所示。

	A	B	C	D
1	项目	负责人	启动时间	截至日期
2	项目A	祝忠	2016/6/22	2016/9/20
3	项目B	郭建	2016/7/17	2016/10/13
4	项目C	周麟	2016/7/22	2016/9/18
5	项目D	王爽	2016/7/23	2016/10/6
6	项目E	许勇敢	2016/6/18	2016/9/8
7	项目F	祝忠	2016/7/14	2016/10/27
8	项目G	徐小明	2016/6/30	2016/8/31
9	项目H	李安欢	2016/6/29	2016/9/19
10	项目I	苏清和	2016/7/3	2016/10/19
11	项目J	杨伟	2016/6/30	2016/8/23
12	项目K	徐小明	2016/6/29	2016/9/21
13	项目L	高超	2016/6/23	2016/7/15

图 13-7　项目进度安排表

```
=AND($D2-TODAY()<=7,$D2-TODAY()>0)
```

步骤 3 单击【格式】按钮，在打开的【设置单元格格式】对话框中单击【填充】选项卡，选择一种背景，例如"黄色"，依次单击【确定】按钮关闭对话框。

假定系统当前时间为 2016 年 9 月 15 日，完成后的效果如图 13-9 所示。

	A	B	C	D
1	项目	负责人	启动时间	截至日期
2	项目A	祝忠	2016/6/22	2016/9/20
3	项目B	郭建	2016/7/17	2016/10/13
4	项目C	周麟	2016/7/22	2016/9/18
5	项目D	王爽	2016/7/23	2016/10/6
6	项目E	许勇敢	2016/6/18	2016/9/8
7	项目F	祝忠	2016/7/14	2016/10/27
8	项目G	徐小明	2016/6/30	2016/8/31
9	项目H	李安欢	2016/6/29	2016/9/19
10	项目I	苏清和	2016/7/3	2016/10/19
11	项目J	杨伟	2016/6/30	2016/8/23
12	项目K	徐小明	2016/6/29	2016/9/21
13	项目L	高超	2016/6/23	2016/7/15

图 13-8 使用公式建立规则   图 13-9 条件格式显示状态

示例结束

13.1.3 | 内置的单元格图形效果样式

Excel 在条件格式功能中提供了"数据条""色阶"和"图标集"3 种内置的单元格图形效果样式。

1. 使用数据条

在包含大量数据的表格中，轻松读懂数据规律和趋势并不是一件容易的事，使用条件格式中的"数据条"功能，可以让数据在单元格中产生类似条形图的效果，使数据规律和趋势得到明显展示。

示例 13-4 借助数据条直观展现数据

素材所在位置：

光盘：\素材\第 13 章数据可视化\示例 13-4 借助数据条直观展现数据.xls。

图 13-10 所示为一份销售数据表格，可以使用"数据条"功能来更加直观地展现数据。

	A	B	C
1	日期	销量	金额
2	2016/6/22	56	32,609.92
3	2016/7/17	68	39,597.76
4	2016/7/22	89	51,826.48
5	2016/7/23	104	60,561.28
6	2016/6/18	31	18,051.92
7	2016/7/14	118	68,713.76
8	2016/6/30	116	67,549.12
9	2016/6/29	63	36,686.16
10	2016/7/3	124	72,207.68
11	2016/6/30	128	74,536.96
12	2016/6/29	44	25,622.08
13	2016/6/23	95	55,320.40

图 13-10 销售数据图

图 13-11 设置【数据条】条件格式样式

选取需要设置条件格式的 B2:B13 单元格区域，在【开始】选项卡下依次单击【条件格式】→【数据条】，在展开的选项菜单中，选中【实心填充】中的【绿色数据条】样式，操作过程和完成效果如图 13-11 所示。

示例结束

2. 使用图标集

除了用数据条的形式展示数值的大小，也可以用条件格式当中的"图标"来展现分段数据，根据不同的数值等级来显示不同的图标图案。

素材所在位置：

光盘：\素材\第 13 章数据可视化\示例 13-5 借助图标集直观展现数据.xlsx。

图 13-12 所示为一份学生成绩表，可以使用"图标"更加直观地展示学生的成绩。

选中需要设置条件格式的 B2:C13 单元格区域，在【开始】选项卡中依次单击【条件格式】→【图标集】命令，在展开的选项菜单中，选中【形状】中的【四色交通灯】。操作过程及完成后的效果如图 13-13 所示。

	A	B	C
1	姓名	语文	数学
2	祝忠	50	92
3	郭建	35	66
4	周麟	77	75
5	王爽	24	56
6	许勇敢	62	23
7	李进	81	82
8	徐大可	34	57
9	李安欢	10	79
10	苏清和	72	37
11	杨伟	43	24
12	徐小明	64	46
13	高超	99	95

图 13-12　学生成绩表

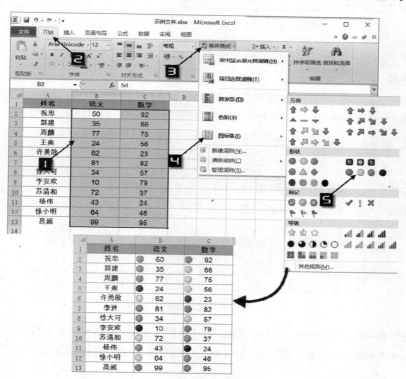

图 13-13　设置【图标集】条件格式样式

Excel 默认的"四色交通灯"显示规则是按百分比率对数据进行分组的，用户可以根据需要（例如按常用的成绩考核标准），对数值进一步调整外观显示。

选中 B2:C13 单元格区域的任一单元格，依次单击【条件格式】→【管理规则】按钮，打开【条件格式规则管理器】。双击【规则】列表下的"图标集"，打开【编辑格式规则】对话框。在【根据以下规则显示各个图标】组合框中，在【类型】下拉列表选择"数字"，【值】编辑框中输入分段区间值，最后单击【确定】按钮关闭对话框，如图 13-14 所示。

如图 13-15 所示，调整后的图标可以直观地反映分数情况：90 分及以上显示图标为"绿色交通灯"，80～90 分之间显示图标为"黄色交通灯"，60～80 分之间显示图标为"红色交通灯"，60 分以下显示图标为"黑色交通灯"。

图 13-14　调整显示规则　　　　　　　　图 13-15　调整后的结果

示例结束

3. 使用色阶

除了使用图形的方式来展现数据外，使用不同的色彩来表达数值的大小也是一种方法。条件格式中的"色阶"功能可以通过色彩直观地反映数据的大小，形成"热图"。

示例 13-6　借助色阶直观展现数据

素材所在位置：

光盘：\素材\第 13 章数据可视化\示例 13-6 借助色阶直观展现数据.xlsx。

图 13-16 所示为部分城市各月的平均气温，可以使用"色阶"让这些数据的规律更容易显现。

	A	B	C	D	E	F	G	H	I	J	K	L	M
1	城市	一月	二月	三月	四月	五月	六月	七月	八月	九月	十月	十一月	十二月
2	北京	-2.3	2.9	7.8	16.3	20.5	24.9	26	24.9	21.2	14	6.4	-0.5
3	沈阳	9.4	3	2.1	12.5	18	23.9	24.3	23.1	18.8	11.9	2.2	-9.2
4	上海	4.1	8.6	9.9	16.2	20.9	24.4	29.8	29.9	24.3	19.2	14.6	9:1
5	广州	13.4	16.4	18.1	23.7	25.9	28.9	28.7	29.4	27.8	23.9	21.2	16.2

图 13-16　部分城市各月平均气温

选中需要设置条件格式的 B2:M5 单元格区域，在【开始】选项卡中依次单击【条件格式】→【色阶】，在展开的选项菜单中选取一种样式，例如第二种【红-黄-绿色阶】。操作过程如图 13-17 所示。

图 13-17　设置【色阶】条件格式样式

操作完成后，数据表格当中会显示不同的颜色，并根据数值的大小依次按照红色→黄色→绿色的顺序显示过渡渐变，如图 13-18 所示。通过这些颜色的显示，可以非常直观地展现数据的分布和规律，很容易了解到广州的夏季温度和持续长度明显高于其他城市。

	城市	一月	二月	三月	四月	五月	六月	七月	八月	九月	十月	十一月	十二月
1		A	B	C	D	E	F	G	H	I	J	K	L	M
2	北京	-2.3	2.9	7.8	16.3	20.5	24.9	26	24.9	21.2	14	6.4	-0.5
3	沈阳	9.4	3	2.1	12.5	18	23.9	24.3	23.1	18.8	11.9	2.2	-9.2
4	上海	4.1	8.6	9.9	16.2	20.9	24.4	29.8	29.9	24.3	19.2	14.6	9.1
5	广州	13.4	16.4	18.1	23.7	25.9	28.9	28.7	29.4	27.8	23.9	21.2	16.2

图 13-18　根据数值大小显示不同的颜色

示例结束

13.1.4　修改和清除条件格式

如果需要对已经设置好的条件格式进行编辑修改，可以按以下步骤操作。

选中需要修改条件格式的单元格区域，打开【条件格式规则管理器】对话框。在对话框中，选中需要编辑的规则项目，单击【编辑规则】按钮，打开【编辑格式规则】对话框，此时可以根据需要对已设置的条件格式进行修改，如图 13-19 所示。

图 13-19　编辑条件格式规则

如果需要删除单元格区域的条件格式，可以按以下步骤操作。

选中相关单元格区域（如果是清除整个工作表中所有单元格区域的条件格式，可以选中任意一个单元格），依次单击【开始】→【条件格式】→【清除规则】命令，在展开的下拉菜单中，如果单击【清除所选单元格的规则】命令，则会清除所选单元格的条件格式；如果单击【清除整个工作表的规则】命令，则清除当前工作表中所有单元格区域中的条件格式，如图 13-20 所示。

图 13-20　清除条件格式

13.1.5　调整规则优先级

Excel 允许对同一个单元格区域设置多个条件格式，当两个或更多条件格式规则应用于一个单元格区域时，将按其【条件格式规则管理器】对话框中列出的优先级顺序执行这些规则。

打开【条件格式规则管理器】对话框。此时，在列表中越是位于上方的规则，其优先级越高。默认情况下，新规则总是添加到列表的顶部，因此具有最高的优先级。但用户可以通过对话框中的【上移】和【下移】箭头更改优先级顺序，如图 13-21 所示。

图 13-21　条件格式规则管理器

当同一单元格存在多个条件格式规则时，将按以下方式处理。

如果规则间不冲突，则全部规则都有效。例如，一个规则将单元格字体格式设置为"宋体"，另一个规则将同一个单元格底色设置为"红色"，则该单元格的字体格式设置为"宋体"且单元格底色为"红色"，两个条件规则都得到了应用。

如果规则之间有冲突，则只执行优先级高的规则。例如，一个规则将单元格字体颜色设置为"红色"，另一个规则将单元格字体颜色设置为"蓝色"，两个规则相互冲突，则只执行优先级较高的规则。

13.2　图表应用

图表是以图形化方式传递和表达数据的工具，相比于普通数据表格而言，使用图表来表达数据信息可以更加形象生动，可以使数据分析的报告结果更加具有说服力。

13.2.1　图表的构成元素

Excel 图表由图表区、绘图区、图表标题、数据系列、图例和网格线等基本元素构成，各个元素能够根据需要设置显示或隐藏，如图 13-22 所示。

图 13-22　图表的构成元素

1. 图表区

图表区是指图表的全部范围，选中图表区时，将显示图表对象边框和用于调整图表大小的控制点。

2. 绘图区

绘图区是指图表区内以两个坐标轴为边组成的矩形区域，选中绘图区时，将显示绘图区边框和用于调整绘图区大小的控制点。

3. 标题

图表标题显示在绘图区上方，用于说明图表要表达的主要内容。在图 13-22 所示的图表中，如果图表标题使用"1～7 月份平均降水量逐月增加"，则比默认的"平均降水量（mm）"更能体现图表要表达的主题。

4. 数据系列和数据点

一个或多个数据点构成数据系列，每个数据点对应工作表中某个单元格的数据。

5. 坐标轴

按位置不同，坐标轴分为主坐标轴和次坐标轴，默认显示左侧主要纵坐标轴和底部主要横坐标轴。

6. 图例

图例是由图例项和图例项标示组成，是一个无边框的矩形区域，默认显示在绘图区右侧。

13.2.2 图表类型的选择

图表类型的选择对于数据展示效果是非常重要的，如果选错了图表类型，即便图表制作得再精美往往也达不到理想的效果。对于实际工作而言，最常用也是最有必要掌握的图表有 5 大类，分别是柱形图、条形图、折线图、散点图和饼图。

1. 柱形图

柱形图通常用来反映不同项目之间的分类对比，也可以用来反映数据在时间上的趋势。例如，图 13-23 所示的柱形图展示了某公司不同产品之间的销售数据对比。而图 13-24 所示的柱形图则展示了某公司 2016 年上半年的销售额增长情况。

图 13-23　产品销售对比

图 13-24　某公司上半年销售增长情况

堆积柱形图在图形上将同一分类的柱形垂直叠放显示，可以反映多个数据组在总体中所占的大小，并且突出强调了总体数值的大小情况。图 13-25 所示的堆积柱形图，展示了某公司 4 个地区 3 种产品的销售情况，柱体的总高度代表了每个地区的产品销售额。

2. 条形图

条形图通常用来反映不同项目之间的对比，与柱形图相比，它更适合展现排名。例如，图 13-26 展示了某公司不同产品之间的销售数据对比。另外，由于条形图的分类标签是纵向排列的，因此可以容纳更多的标签文字，如果标签文字过多，相比柱形图，使用条形图也许更加适合。

图 13-25　堆积柱形图

图 13-26　条形图

3．折线图

折线图通常用来反映数据随时间的变化趋势。例如，图 13-27 所示的折线图显示了某城市在 2006 年～2016 年之间的房地产价格变动趋势。与同样可以反映时间趋势的柱形图相比，折线图更加突出数据起伏的波动趋势，也更适合数据点较多的情况。

图 13-27　折线图

4．散点图

散点图通常用来反映数据之间的相关性和分布特性，绘制散点图需要 X 轴和 Y 轴两个维度上的成对数据。如图 13-28 所示，反映了推广费用和销售额之间的分布情况。

5．饼图

饼图通常用来反映各数据在总体中的构成和占比情况。图 13-29 所示的饼图展现了某公司不同区域的销售额在总体中的占比情况。

图 13-28　散点图

图 13-29　饼图

饼图可以将其中的一部分继续以另一个饼图或堆积图展现其中的内部构成，这种饼图被称为复合饼图。

13.2.3　制作带平均线的柱形图

素材所在位置：
光盘：\素材\第 13 章数据可视化\13.2.3 制作带平均线的柱形图.xlsx。

制作带平均线的柱形图

如图 13-30 所示，在销售完成情况的柱形图中添加一条平均值的水平线，使各个业务员的任务完成情况更加直观。

图 13-30　带平均线的柱形图

操作步骤如下。

步骤 1 单击数据区域中任意单元格，如 A3，依次单击【插入】→【柱形图】→【二维柱形图】→【簇状柱形图】，插入一个默认样式的柱形图，如图 13-31 所示。

步骤 2 单击图表标题，按<Delete>键清除。用同样的方法清除图例项和网格线，完成后的效果如图 13-32 所示。

图 13-31 插入柱形图

图 13-32 清除图表标题、图例项和网格线

步骤 3 双击数据系列，在弹出的【设置数据系列格式】对话框中，分类间距设置为 95%，单击【关闭】按钮，如图 13-33 所示。

步骤 4 在 C1 单元格中输入"平均值"，C2 单元格输入以下公式，计算 B 列销售额的平均值并保留一位小数，向下复制公式到 C7 单元格，如图 13-34 所示。

=ROUND(AVERAGE(B$2:B$7),1)

图 13-33 设置分类间距

图 13-34 计算平均值

步骤5 选中 C1:C7 单元格区域，按<Ctrl+C>组合键进行复制，单击图表绘图区，按<Ctrl+V>组合键进行粘贴，粘贴后，图表中添加了一个新的数据系列，如图 13-35 所示。

步骤6 单击新添加的平均值数据系列，在【设计】选项卡中单击【更改图表类型】，将会弹出【更改图表类型】对话框，选择【折线图】，单击【确定】按钮，如图 13-36 所示。

图 13-35　添加平均值数据系列

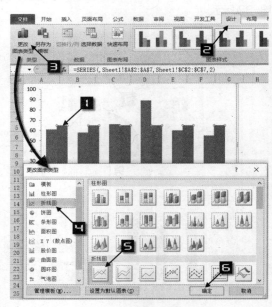

图 13-36　更改图表类型

步骤7 至此，已经有了平均线的雏形，但是折线图的左右两侧还有空隙，需要进一步设置。单击【折线图】，在【布局】选项卡下单击【趋势线】下拉按钮，在下拉菜单中选择【其他趋势线选项】，打开【设置趋势线格式】对话框，如图 13-37 所示。

步骤8 在【设置趋势线格式】对话框的【趋势线选项】选项卡下，设置趋势预测前推 0.5 周期，倒推 0.5 周期，如图 13-38 所示。

图 13-37　添加趋势线

图 13-38　设置趋势预测周期

步骤 9 切换到【线条颜色】选项卡，勾选【实线】单选钮，设置颜色为红色。切换到【线型】选项卡，设置宽度为 2 磅，单击【关闭】按钮。

步骤 10 单击柱形图数据系列，在【格式】选项卡下，单击【形状填充】下拉按钮，在颜色面板中选择"橙色"，如图 13-39 所示。

步骤 11 选中图表，在【格式】选项卡下，单击【图表元素】下拉按钮，选择"系列 2"，也就是平均值的数据系列。然后单击选中平均值数据系列最右侧的数据点，单击鼠标右键，在快捷菜单中选择【添加数据标签】命令，如图 13-40 所示。

图 13-39　设置填充颜色

图 13-40　为数据点添加数据标签

步骤 12 单击图表绘图区，设置字体为"AgencyFB"。选中数据标签，拖动数据标签边框移动数据点位置，设置字体加粗显示。

步骤 13 选中柱形图数据系列，单击【格式】选项卡下的【形状效果】→【阴影】，选择一种内置阴影效果，如图 13-41 所示。用同样的方法为图表区添加阴影。

图 13-41　添加阴影效果

13.2.4 | 不同季度的数据单独着色

素材所在位置：

光盘：\素材\第 13 章数据可视化\13.2.4 不同季度的数据单独着色.xlsx。

Excel 图表中的每个数据系列默认使用同一种颜色，通过调整数据源的结构，能够绘制出同一类数据按不同分组着色的效果。

如图 13-42 所示，要将全年销售数据绘制成柱形图，并且对不同季度的数据点使用不同的颜色进行区分。

图 13-42　不同季度的数据单独着色

Excel 在绘制柱形图时，会将不同列的数据作为柱形图中不同的数据系列，因此需要先对数据源进行调整，将不同季度的数据单独存放到一列内。

操作步骤如下。

步骤 1　如图 13-43 所示，将二季度的销售额存放到 D 列对应区域，将三季度和四季度的销售额分别存放到 E 列和 F 列对应区域内。

步骤 2　选中 A2:F13 单元格区域，插入簇状柱形图，如图 13-44 所示。

图 13-43　修改数据源

图 13-44　簇状柱形图

步骤 3　单击图例项，按<Delete>键清除。用同样的方法清除网格线。

步骤 4　双击任意数据系列，打开【设置数据系列格式】对话框，在【系列选项】选项卡下，将"系列重叠"设置为 100%，"分类间距"设置为 60%，单击【关闭】按钮，如图 13-45 所示。

步骤 5　对图表进一步美化，完成设置。

13.2.5　突出显示最高值的折线图

素材所在位置：

光盘：\素材\第 13 章数据可视化\13.2.5突出显示最高值的折线图.xlsx。

图 13-45　设置数据系列格式

制作折线图时，如果单元格内容为错误值"#N/A"，图表显示为直线连接数据点。

如图 13-46 所示，需要以 A~B 列的销售数据制作折线图，并且在折线图中能够自动突出显示最高值的数据点。

操作步骤如下。

突出显示最高值的
折线图

步骤1 在 C 列建立辅助列，在 C2 单元格中输入以下公式，向下复制到 C7 单元格，如图 13-47 所示。

`=IF(B2=MAX($B$2:$B$7),B2,NA())`

图 13-46　突出显示最高值的折线图

图 13-47　建立辅助列

NA()函数用于生成错误值#N/A。公式的意思是，如果 B2 等于 B2:B7 单元格区域的最大值，则返回 B2 本身的值，否则返回错误值#N/A。

步骤2 选中 A1:C7 单元格区域，插入带数据标记的折线图，如图 13-48 所示。

步骤3 删除图例项和网格线，设置图表区字体。

步骤4 为辅助列数据系列添加数据标签，双击数据标签，打开【设置数据标签格式】对话框，在标签选项中勾选"类别名称"复选框，单击【关闭】按钮关闭对话框，如图 13-49 所示。

图 13-48　带数据标记的折线图

图 13-49　设置数据标签格式

最后对图表进行美化，完成设置。

13.2.6 使用漏斗图分析不同阶段的转化情况

素材所在位置：

光盘：\素材\第 13 章　数据可视化\13.2.6　使用漏斗图分析不同阶段的转化情况.xlsx。

漏斗图图表通常以漏斗形状来显示总和等于 100% 的一系列数据，常用于分析产品生产原料转化率、网站用户访问转化率等，在 Excel 中可以通过堆积条形图来实现。

图 13-50 所示为某公司客服一周绩效数据，需要通过制作漏斗图来分析每一个阶段的转化情况，以便于观察和分析每个阶段当中存在的问题，制作方法如下。

阶段	人数	占位数据	占比	转化率
接待	6782	0	100%	99%
回复	6711	35.5	99%	63%
询单	4260	1261	63%	31%
下单	1302	2740	19%	89%
付款	1163	2809.5	17%	

图 13-50　客服一周绩效数据

使用漏斗图分析不同阶段的转化情况

步骤 1　增加 3 个辅助列，分别为"占位数据""占比"和"转化率"。

在 C2 单元格中输入公式：

`=(B$2-B2)/2`

在 D2 单元格中输入公式：

`=B2/B$2`

在 E2 单元格中输入公式：

`=B3/B2`

选中 C2:E2 单元格区域，下拉公式填充至 C2:E6 区域，删除 E6 单元格的值，结果如图 13-50 所示。

步骤 2　创建堆积柱形图。

选中 A1:C6 单元格区域，在【插入】选项卡中依次单击【条形图】→【堆积条形图】，创建一个堆积条形图图表，如图 13-51 所示。

图 13-51　插入堆积条形图

步骤 3　调整数据系列显示顺序。

选中图表，在【图表工具-设计】选项卡中单击【选择数据】，在弹出的【选择数据源】对话框中，选中数据系列"占位数据"，单击【上移】按钮，如图 13-52 所示。

图 13-52　上移"占位数据"

步骤 4 设置逆序类别。

选中图表的纵坐标轴，按<Ctrl+1>组合键，将会弹出【设置坐标轴格式】对话框，在【坐标轴选项】选项卡中，勾选【逆序类别】复选框，如图 13-53 所示。

图 13-53　设置"逆序类别"

步骤 5 隐藏占位数据系列。

选中系列"占位数据"，在【图表工具-格式】选项卡中依次单击【形状填充】→【无填充颜色】，如图 13-54 所示。

图 13-54　设置"占位数据"填充色

步骤 6 添加数据标签

选中"人数"数据系列，添加数据标签。双击数据标签，打开【设置数据标签格式】对话框，设置数据标签位置为"居中"。

选中首个数据标签，在编辑栏内输入等号"="，然后单击选中 D2 单元格，按<Enter>键。用同样的方法修改其他数据标签，使其依次引用 D3～D6 单元格中的占比，结果如图 13-55 所示。

步骤 7 添加图表标题，删除无关图表元素。接下来使用图形元素对图表进行美化，在【插入】选项卡下，单击【形状】下拉按钮，在下拉列表中选择下箭头，然后拖动鼠标在工作表内插入一个下箭头形状，如图 13-56 所示。

图 13-55 设置数据标签

图 13-56 插入箭头形状

步骤 8 选中箭头形状，适当调整大小，然后在【格式】选项卡下依次设置形状轮廓和形状填充颜色为"橙色"。在编辑栏内输入"=$E$2"，然后按<Enter>键，如图 13-57 所示。

图 13-57 添加单元格引用

图 13-58 修改单元格引用地址

步骤 9 选中下箭头，按住<Ctrl>键不放，拖动鼠标分别复制出 3 个相同的图形，然后依次修改图形中的单元格引用地址为"=$E$3""=$E$4"和"=$E$5"，如图 13-58 所示。

将图形拖动到图表中，然后在【插入】选项卡下依次单击【文本框】→【横排文本框】，拖动鼠标在工作表中插入一个文本框，然后在文本框内输入说明文字，如图 13-59 所示。

图 13-59 插入文本框

图 13-60 漏斗图

用同样的方法再次插入一个文本框并注明数据来源，最后将文本框依次拖动到图表内，完成后的图表效果如图 13-60 所示。

13.2.7 使用瀑布图表分析项目营收情况

素材所在位置：

光盘：\素材\第 13 章数据可视化\13.2.7使用瀑布图表分析项目营收情况.xlsx。

瀑布图通常用于解释两个数据之间"变化"过程与"组成"关系，在 Excel 当中可以通过堆积柱形图来实现。

图 13-61 所示为某经销商营收相关指标数据，包括总销售额、进货成本、包材费用、邮费和人力成本等，可以通过瀑布图来直观地展示项目营收的明细情况。

	A	B
1	项目指标	金额
2	总销售额	2210000
3	进货成本	1350000
4	人力成本	285520
5	邮费	189900
6	包材费用	53400
7	其它成本	15600
8	利润	315580

图 13-61 营收数据表

	A	B	C
1	项目指标	辅助	金额
2	总销售额	0	2210000
3	进货成本	860000	1350000
4	人力成本	574480	285520
5	邮费	384580	189900
6	包材费用	331180	53400
7	其它成本	315580	15600
8	利润	0	315580

图 13-62 添加辅助列

步骤 1 在 B 列之前插入一列作为占位数据，总销售额对应的占位数据为 0，在 B3 单元格中输入以下公式，向下复制到 B8 单元格。

`=C$2-SUM(C$3:C3)`

结果如图 13-62 所示。

步骤 2 选中 A1:C8 单元格区域，在【插入】选项卡中依次单击【柱形图】→【堆积柱形图】，创建一个堆积柱形图图表，如图 13-63 所示。

步骤 3 选中"辅助"数据系列，在【图表工具-格式】选项卡中依次单击【形状填充】→【无填充颜色】，如图 13-64 所示。

图 13-63 创建堆积柱形图

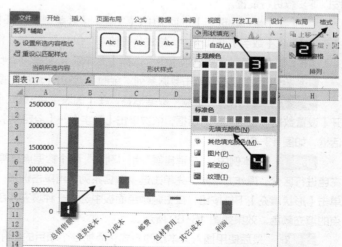

图 13-64 设置"辅助"数据系列格式

步骤 4 选中"金额"数据系列，在【图表工具-格式】选项卡中单击【设置所选内容格式】，打开【设置数据系列格式】对话框，在【系统选项】选项卡中拖动【分类间距】对应的按钮到最左侧，即设置值为0%，如图 13-65 所示。

图 13-65　调整分类间距

步骤 5 单击选中横坐标轴，按<Delete>键删除。双击纵坐标轴，打开【设置坐标轴格式】对话框，按以下步骤进行设置。

（1）在【坐标轴选项】选项卡中，【主要刻度线类型】选择【无】。

（2）在【数字】选项卡中，格式代码输入"0!.0,"，单击【添加】按钮。

（3）在【线条颜色】选项卡中，选择【无线条】，如图 13-66 所示。

步骤 6 用鼠标右键单击数据系列"金额"，单击【添加数据标签】，如图 13-67 所示。

步骤 7 选中系列"金额"数据标签，在【图表工具-格式】选项卡中单击【设置所选内容格式】，打开【设置数据标签格式】对话框，依次单击【数字】→【自定义】，选择之前设置过的代码"0!.0,"，关闭对话框，如图 13-68 所示。

步骤 8 在本例中，"总销售额"和"利润"两个数据点是需要突出的重点数据，可以设置为不同的填充色进行区分。操作方法是，先单击选中数据系列，再单击选择"总销售额"数据点，在【格式】选项卡下单击【形状填充】下拉按钮，在主题颜色面板中选择一种填充颜色即可。用同样的方法，设置"利润"数据点的填充颜色。效果如图 13-69 所示。

步骤 9 最后使用插入文本框的方式，添加各个项目的名称，并为图表添加标题。制作完成后的图表如图 13-70 所示。

图 13-66　设置坐标轴格式

图 13-67　添加数据标签

图 13-68　设置数据标签格式

图 13-69　为数据系列选择合适颜色

图 13-70　美化后的图表

13.2.8　动态显示最近 7 天数据的柱形图

素材所在位置：

光盘：\素材\第 13 章数据可视化\13.2.8动态显示最近 7 天数据的柱形图.xlsx。

图 13-71 所示是某销售部的销售流水记录，每天的销售情况都会按顺序记录到该工作表的 A～B 列中。需要将最近 7 天的销售额绘制成柱形图，也就是无论 A～B 的数据记录添加多少，图表中始终显示最后 7 天的记录。

图 13-71　近 7 天销售情况

操作步骤如下。

步骤1　如图 13-72 所示，按<Ctrl+F3>组合键打开【名称管理器】对话框，分别定义两个名称，如下。

（1）日期。

=OFFSET($A$1,COUNT($A:$A),0,-7)

（2）销售额。

=OFFSET($B$1,COUNT($A:$A),0,-7)

OFFSET 函数以 A1 为基点，以 COUNT 的计算结果作为向下偏移的行数。也就是 A 列有多少个数值，就向下偏移多少行。

图 13-72　自定义名称

OFFSET 函数新引用的行数是-7，得到从 A 列数值的最后一行开始，向上 7 行这样一个动态的区域。

如果 A 列的数值增加，COUNT 函数的计数结果也随之增加，OFFSET 函数的行偏移参数也会发生变化，即始终返回 A 列最后 7 行的引用。

步骤 2   选中 A1:B7 单元格区域，插入簇状柱形图，如图 13-73 所示。

步骤 3   用鼠标右键单击任意数据系列，在快捷菜单中，单击【选择数据】命令，将会打开【选择数据源】对话框，如图 13-74 所示。

图 13-73   插入簇状柱形图

图 13-74   选择数据源对话框

步骤 4   如图 13-75 所示，在【选择数据源】对话框中，单击【图例项（系列）】下的【编辑】按钮，将会弹出【设置数据系列】对话框。在"系列值"编辑框中输入以下公式。

图 13-75   选择数据源

=Sheet1!销售额

单击【水平（分类）轴标签】下的【编辑】按钮，将会弹出【轴标签】对话框，在"轴标签区域"编辑框中输入以下公式。

=Sheet1!日期

步骤 5   修改图表标题为"近 7 天销售情况"，单击标题边框，拖动到图表区左侧。

步骤 6   双击横坐标轴打开【设置坐标轴格式】对话框，切换到【数字】选项卡，在格式代码编辑框中输入 "m/d"，单击【添加】按钮，此时横坐标轴中的日期将变为年/月样式。最后单击【关闭】按钮，如图 13-76 所示。

步骤 7   对图表进行美化，完成设置。当数据源增加后，图表会自动更新。

图 13-76　设置坐标轴格式

13.3 认识迷你图

迷你图是工作表单元格中的微型图表，在数据表格的一侧显示迷你图，可以一目了然地反映一系列数据变化的趋势，如图 13-77 所示。

迷你图的图形比较简洁，没有坐标轴、图表标题、图例和网格线等图表元素，主要体现数据的变

图 13-77　迷你图

认识迷你图

化趋势或对比。迷你图包括折线图、柱形图和盈亏图 3 种图表类型，创建一个迷你图之后，可以通过填充功能，快速创建一组图表。

13.3.1 创建迷你图

素材所在位置：
光盘：\素材\第 13 章数据可视化\13.3.1 创建迷你图.xlsx。

如图 13-78 所示，为工作表中的一行数据创建迷你图，操作步骤如下。

步骤 1 选中 F2 单元格，单击【插入】选项卡下"迷你图"命令组中的【折线图】按钮，打开【创建迷你图】对话框。

步骤 2 在【创建迷你图】对话框中，单击【数据范围】编辑框右侧的折叠按钮，选择数据范围为 B2:E2 单元格区域，单击【确定】按钮。

步骤 3 拖动 F2 单元格右下角的填充柄，向下填充到 F6 单元格，即可生成一组具有相同特征的迷你图。

图 13-78　插入迷你图

282

提示

单个迷你图只能使用一行或是一列数据作为数据源。

13.3.2 更改迷你图类型

如需改变迷你图的图表类型，可以选中迷你图中的任意一个单元格，单击【设计】选项卡下的【柱形图】按钮，即可将一组迷你图全部更改为柱形迷你图，如图 13-79 所示。

图 13-79　更改迷你图类型

13.3.3 突出显示数据点

用户可以根据需要，为折线迷你图添加标记，或是突出显示迷你图的高点、低点、负点、首点和尾点，并且可以设置各个数据点的显示颜色。

如图 13-80 所示，选中迷你图中的任意一个单元格，在【设计】选项卡下，勾选"高点""低点"和"标记"复选框，单击【标记颜色】下拉按钮，为各数据点设置自定义颜色。

图 13-80　突出显示数据点

13.3.4 设置迷你图样式

Excel 提供了 36 种迷你图颜色样式组合供用户选择。选中迷你图中的任意一个单元格，单击【设计】选项卡中的【样式】下拉按钮，打开迷你图样式库，单击样式图标，即可将样式应用到一组迷你图中，如图 13-81 所示。

图 13-81　设置迷你图样式

13.3.5 清除迷你图

清除迷你图有以下几种方法。

方法1　选中迷你图所在单元格区域，单击鼠标右键，在弹出的快捷菜单上依次单击【迷你图】→【清除所选的迷你图】命令。

方法2　选中迷你图所在单元格区域，单击【设计】选项卡中的【清除】命令。

习题13

1. Excel2010 在条件格式功能中提供了（_____）、（_____）、和（_____）3 种内置的单元格图形效果样式。

2. 如图 13-82 所示，做一份简易的一周目标表，通过【条件格式】功能，将 C2:C9 单元格区域中内容为空白的单元格标记为浅红色。

A	B	C
序号	内容	是否已达成
1	给家人打一个电话	是
2	看一本名著	
3	跑五千米	是
4	有三天11点前睡觉	
5	学唱一首歌	是
6	记一次周记	
7	认真设想下未来	
8	给他/她写一封信	

图 13-82　简易的一周目标表

3. 新建一个工作簿，模拟一组数据，制作带平均线的柱形图，并进行美化。

4. 新建一个工作簿，模拟一组数据，制作突出显示最低值的折线图。

5. 新建一个工作簿，模拟一组数据，制作柱形迷你图。